当代中国科普精品书系

奇妙的大自然丛书

奇妙的动物

居龙和 著

科学普及出版社

·北 京·

《当代中国科普精品书系》序

　　以胡锦涛同志为总书记的党中央提出科学发展观、以人为本、建设和谐社会的治国方略，是对建设中国特色社会主义国家理论的又一创新和发展。实践这一大政方针是长期而艰巨的历史重任，其根本举措是普及教育、普及科学、提高全民的科学文化素质，这是强国富民的百年大计、千年伟业。

　　为深入贯彻科学发展观和《中华人民共和国科学技术普及法》、提高全民的科学文化素质，中国科普作家协会以繁荣科普创作为己任，发扬茅以升、高士其、董纯才、温济泽、叶至善等老一辈科普大师的优良传统和创作精神，团结全国科普作家和科普工作者，充分发挥人才与智力资源优势，采取科普作家与科学家相结合创作科普精品的途径，努力为全民创作出更多、更好、高水平、无污染的精神食粮。在中国科协领导的支持下，众多科普作家和科学家经过一年多的精心策划，确定编创《当代中国科普精品书系》。

　　该书系坚持原创，推陈出新，力求反映当代科学发展的最新气息，传播科学知识，提高科学素养，弘扬科学精神和倡导科学道德，具有明显的时代感和人文色彩。书系由13套丛书构成，共120余种，达2000余万字。内容涵盖自然科学的方方面面，既包括《航天》、《军事科技》、《迈向现代农业》等有关航天、航空、军事、农业等方面的高科技丛书；也有《应对自然灾害》、《紧急救援》、《再难见到的动物》等涉及自然灾害及应急办法、生态平衡及保护措施的丛书；还有《奇妙的大自然》、《山石水土文化》等有关培养读者热爱大自然的系列读本；《读古诗学科学》让你从诗情画意中感受科学的内涵和中华民族文化的博大精深；《科学乐翻天——十万个为什么（创新版）》则以轻松、幽默、赋予情趣的方式，讲述和传播科学知识，倡导科学思维、创新思维，提高少年儿童的综合素质和科学文化素养，引导少年儿童热爱科学，以科学的眼光观察世界；《孩子们脑中的问号》、《科普童话绘本馆》和《科学幻想之窗》，展示了天真活泼的少年一代对科学的渴望和对周围世界的异想天开，是启蒙科学的生动画卷；《老年人十万个怎么办》丛书以科学的思想、方法、精神、知识答疑解难，祝福老年人老有所乐、老有所为、老有所学、老有所养。

　　科学是奇妙的，科学是美好的，万物皆有道，科学最重要。一个人对社会的贡献的大小，很大程度上取决于其对科学技术掌握及运用的程度；一个国家，一个民族的先进与落后，很大程度上取决于其科学技术的发展程度。科学技术是第一生产力，这是颠扑不破的真理。哪里的科学技术被人们掌握得越广泛越深入，哪里的经济、社会就发展得越快，文明程度就越高。普及和提高，学习与创新，是相辅相成的，没有广袤肥沃的土壤，没有优良的品种，哪有禾苗茁壮成长？哪能培育出参天大树？科学普及是建设创新型国家的基础，是培育创新型人才的摇篮。我希望，我们的《当代中国科普精品书系》就像一片沃土，为滋养勤劳智慧的中华民族、培育聪明奋进的青年一代提供丰富的营养。

刘嘉麒

2011年9月

写给读者朋友的话

读者朋友，你知道人类有多少朋友、邻居和亲戚吗？它们生活得好吗？它们能像你那样幸福地生活吗？

神奇的大自然孕育了无数的鸟兽鱼虫，它们是自然中最可爱的精灵，是人类的朋友、邻居和亲戚。它们形形色色，千姿百态，绚丽多彩，缤纷夺目，使世界洋溢着无限的生机，使人类的生活充满欢乐的情趣。

野生动物无私地为人类作出了巨大的贡献，但人类对动物的索取却似乎永远没有满足。地球原本是人类和动物共同的家园，人类和动物本来就是朋友、邻居和亲戚。如今人类一步一步地把它们的家占有、拆除和烧毁，建成人类的农田、果园、城市、道路、矿山等等，将它们逼得无处栖身，陷入灭绝的恶境。动物、植物与人类唇齿相依，人类不可能独自在地球上继续生存。人们常说：保护今天的动物，就是为了明天的人类。

希望读者朋友能从这本书中学到更多平时在家里，在课堂，甚至在野外也无法学到、感觉到、想象到的东西，获得动物的基本知识，了解动物世界的各种疑难问题和奇趣现象，激发探索动物世界奥秘的兴趣，开阔观察自然的视野。让我们共同走进自然，观察、关爱、保护周围的野生动物，使地球真正成为人类和各种生命共同的家园。

居龙和

2011年9月

本书在编写过程中得到了一些前辈和朋友们的帮助，在此要衷心地感谢黄世强先生完成部分动物条目的编写，张恩权、吴秀山先生为本书编写提供了大量资料，张金国、吴志农、乔轶伦等先生和他们的朋友们为本书提供了大量精美的写真照片，李晓阳和周桂杰同志为本书编辑图片和文字做了大量工作。书中若有不当之处，敬请读者不吝赐教，批评指正。

目 录

奇妙的动物

生蛋的哺乳动物
——鸭嘴兽

在澳大利亚20分硬币的背面刻有一只嘴巴扁扁如鸭子、浑身带毛、体形似鱼的罕见动物，这就是澳大利亚的国宝——鸭嘴兽。它是全世界动物学界公认的最珍奇的动物之一，是哺乳动物中幸存下来的单孔目动物。澳大利亚特殊的自然地理生态环境平静而安宁，广袤的草原和山林中食肉兽踪迹罕至，千万年来未被人类污染的河流小溪中，孕育了鸭嘴兽。

是鸟还是兽

世人确认鸭嘴兽为兽类，仅有100多年的历史，大约1797年，有人将一只鸭嘴兽标本带到伦敦，便轰动了整个英国和欧洲，许多科学家不相信这是真的，为此争论了近半个世纪。小小的鸭嘴兽向世界传统观念挑战，就连著名的马克思主义者、辩证唯物主义者恩格斯当时也主观武断地认为：鸭嘴兽不是哺乳动物。当然在事实和科学面前，科学家们只能恳请鸭嘴兽原谅他们的错误判断。

鸭嘴兽仅分布在澳大利亚南部和塔斯马尼亚岛，是一种非常奇特的动物。它们同时具有爬行动物、鸟类和哺乳动物的特征，只有一个孔，就是说生殖系统和排泄系统合二为一，是现存哺乳动物中最古老、最原始、最低等的种类。从进化的角度讲，它们可能是爬行动物和鸟类之间，或者是和哺乳动物之间的过渡类型。

　　鸭嘴兽长相奇特，体长仅38～58厘米，体重660～2600克，体形呈扁平椭圆的流线型。头部长着又长又宽、富有弹性而坚韧的鸭嘴巴，鸭嘴上有敏锐的感受器，可在水中捕捉到任何无脊椎动物发出的、极其微小的电子信号。它们通体长满柔软稠密的毛，背部黑褐色，腹部乳白色或淡红色。腿短而健壮，在陆地上行走时，蹒跚而笨拙，与龟鳖差不多。宽大的前后脚均生有五趾，趾间具蹼，游泳时作"桨"用。尾巴扁平长10～15厘米，又扁又宽的尾巴为体宽的三分之二，与水獭的尾巴相似，游泳时作"舵"用。雄兽的蹼足上长着一对酷似毒蛇牙的、能施放毒液的距，是其有效的防身利器。小巧玲珑的鸭嘴兽游泳时，姿势像鸭又像鱼，闭上双眼，合上耳朵和鼻孔，灵活自如地翻滚上下潜游。它们用嘴巴上的感受器，探测、筛选和捕捉附近的小虾、贝类、蚯蚓、水

我们长得这么像，应该是近亲吧?

你们可差得多呢!

生昆虫和蠕虫，宛如在水中表演芭蕾。它们每次在水中潜游约5分钟左右，然后返回水面呼吸。

鸭嘴兽不喜群居，习惯单独觅食活动，活动范围为沿河岸3～5千米内。雌雄各自筑窝，一般雌兽的窝高出地面约0.5米。它们用坚硬的钩状爪，在河岸边挖掘多条洞道，在里面修筑宽敞的窝，窝里铺上许多干草和树叶，白天躲在窝里蜷身睡觉，一到黄昏就下水觅食，直到清晨才回窝，是名副其实的夜游神。洞道长约2米以上，而雌兽繁殖用的洞道竟长达20米，洞口十分巧妙地隐蔽在乱石、树根、圆木或杂草丛中，使人难以发现，通常设置两个以上的出口，有在水上的，有在水下的，进出十分便利。鸭嘴兽有极强的消化功能，一夜能吃下相当于其体重四分之三的食物。它们的口腔内侧有与猿猴相似的颊囊，捕获的食物可暂存于内，装满后回"安乐窝"再慢慢享用。

鸭嘴兽的繁殖

每年5～9月是澳大利亚严寒的冬季，鸭嘴兽蛰伏在窝里，靠储存在尾巴里的脂肪维持生命。8～10月是鸭嘴兽的繁殖季节，婚配过程在水中进行，是十分

○鸭嘴兽的繁殖和哺乳

有趣的追逐式。雌兽游在前，雄兽紧追其后，经约1小时的追逐，雄兽用嘴巴叼住雌兽的尾巴，在水中缓慢地转圈，然后交配。这种方式像鱼一样，与鸭子及其他哺乳动物都不同。雌兽一次产下1～3个蛋，蛋壳白色半透明，软皮状，与乌龟蛋相似。雌兽把蛋放在尾部和腹部之间的裂隙中，蜷缩着身体将蛋围住，像鸟一样伏孵。大约经过10天的孵化，幼

○鸭嘴兽头部特写

兽破壳而出。幼兽出壳时仅3厘米长，身上无毛，眼睛看不见东西，但口内却长有牙齿，不过在以后的成长过程中牙齿会逐渐脱落。

　　雌鸭嘴兽用乳汁哺育后代，却没有乳房和乳头，乳汁从其腹部两侧的小孔顺毛流出。喂幼仔时，雌兽只能仰卧，让仔兽趴在它的腹部，用舌头舔舐被乳汁浸湿的毛束。鸭嘴兽这种哺育后代的方式，在哺乳动物中是独一无二的。幼兽经过4个多月的哺乳期，就可以独立生活了。鸭嘴兽2岁时性成熟，一般寿命为10～15年。

　　动物学家以动物的兽毛和哺乳行为作为分类的主要依据，因为在动物世界里，只有哺乳动物才有圆形的毛（鸟类的羽毛是扁的），能分泌真正的乳汁，这两点鸭嘴兽都具备，于是科学家称其为卵生的哺乳动物，这在哺乳动物中是独一无二的。在它被确认为兽类后，因它的嘴和鸭嘴相似才被取名为"鸭嘴兽"。鸭嘴兽在研究生物进化上具有重要价值，它是把哺乳动物和爬行动物之间的进化关系联系起来的"桥梁"动物，是哺乳动物起源于爬行动物的活证据。

可爱、狡猾、忠贞的狐狸

○赤狐

狐狸属食肉目，犬科，全球共有9种。狐狸是适应能力极强的食肉动物，广泛分布于世界各地。从海平面到海拔4500米以上的高原山地，无不遍布它们的足迹。包括森林、草原、丘陵、半沙漠、沙漠、山区等，直至繁华的城镇。狐狸单独或成对生活，营巢于洞穴中，夜行性，白天在洞内抱尾而卧。活动时以疾速奔跑为主，速度每小时达48千米，受惊时能蹦高2米以上。善游泳，能轻松渡过数十米宽的溪流和湖面。

机警多疑，机敏狡猾

狐狸行动时悄然无声，是因它们与狗、猫等均属趾行动物。常有人将狐狸的脚印误认为是狗的脚印。狐狸的脚印上通常可以看到爪子的痕迹，而狗没有。那是因为狐爪比狗爪狭长，另外狐狸的趾垫相当小，并且比狗趾垫略微偏离中央。从狐狸的脚印中可以看见趾垫间的毛痕。冬季时，狐狸的足掌间会长出很长的毛，使脚步印变得模糊不清。它们奔跑时，后脚会准确无误地踏入前脚的脚印中。有经验的猎人可以准确地分辨出狐狸的足迹。

狐狸身体修长，尾巴蓬松，耳大而直立，体重仅2～3千克，感观十分敏锐，尤其是灵敏的嗅觉可以察觉到10千米范围内的食物。它们通常以啮齿类和兔类为食，也食鸟类、昆虫、蚯蚓、水果等，具有抑制小型野生动物过剩的功能，是自然生态中生物链的重要一环。

狐狸性机警多疑，行为机敏狡猾，见到胆小、好奇、行动敏捷的野兔时，就装作漫不经心，或假作与伙伴打架，或做出各种傻动作，或装死躺倒不动，迷惑住好奇的野兔，然后冷不防跃起捉住野兔；见到会飞的野鸭时，就把身子泡在水中，将鼻眼露出水面，并用枯草和树叶盖在头上，缓慢移动接近，突然袭击野鸭，野鸭莫名其妙地成了狐爪下的牺牲品；见到比它大的食肉动物，就躲避和逃之夭夭。

○耳郭狐

"一夫一妻"制的模范

在哺乳动物中，实行"一夫一妻"制度的种类不足总数的3%，而狐狸是少数中的模范。狐狸的家庭生活是幸福和谐的。狐狸求爱时，在雌狐的引诱下，雄狐常会发出古怪而又可怕的尖叫声，而且可持续3～5天，来完成它们独特而复杂的求婚方式。此时它们成双成对，形影不离地到处活动，毫不顾忌周围环境的变化，即使在众目睽睽之下，也我行我素。在爱情面前，狐狸的表现只有可爱和忠贞，平时的狡猾和凶残荡然无存。

狐狸在生育时，雄狐总是真诚地守候着痛苦分娩的雌狐。小狐出生时，双目紧闭，身披又短又黑的胎毛，嗷嗷待哺。经过雌狐寸步不离的精心抚养和照料，幼狐两周后才睁开双眼，其间雄狐整日奔波为母子寻食。幼狐出生5周后，新牙长出，咬痛雌狐，雌狐开始给它们断奶。此时雄狐最忙碌，为了使雌狐身体尽快恢复和让孩子们长得更快，它要为母子提供大量的食物。幼狐长到6周以

○藏狐

13

○北极狐

后，雌狐便带孩子们到广阔的场地上活动，练习捕食和躲藏等各种技巧。幼狐在父母的喂养下生长十分迅速。天真活泼的幼狐尚未知晓外来的危险为何物，它们尽情地尖叫、吵闹、打架、撒野。7个月时，幼狐的个体已与父母一般，体毛由深褐色变成淡红色，它们已能比较熟练地捕猎食物。9个月以后，年轻的狐狸便离开父母，自己去闯荡世界，成家立业。

尾巴功能多

狐狸蓬松而浓密的尾巴具有很多功能。休息时它们用尾巴团团围住自己的身体，浓厚的皮毛保持了体温，抗御北极和沙漠中夜间的严寒。狐狸尾巴尖端毛束有黑、白两种颜色，可以当做与同伴联络、沟通的视觉讯号。狡猾的狐狸经常追逐自己的尾巴或做出各种暴露的动作，用以吸引其他动物的注意力或引诱猎物，而那些好奇心十足的小动物总是上当受骗。狐狸尾上还生有怪味奇臭的气味腺体。在遇到侵害时，狐尾就变成喷射臭味的武器，这种突然喷出的"狐臊"味，能有效地抑制敌方的袭击，狡猾的狐狸瞬间便逃得无影无踪了。

小 知 识

狐狸通常是单独寻找食物的，捕捉猎物的能力很强，饱餐之后，往往还有剩余，于是它们就把剩余的食物贮藏起来。狐狸先是找到十分隐蔽的地方，用前爪挖坑，把食物埋藏到坑里，然后用鼻子拱上一层土，用尾巴扫平表面，作好伪装。接着，它们往往离开一会儿，就又返回挖出食物看看，将食物再埋藏一次，才放心地离去。其实它们的杰作并不一定总是安全的，狡猾的同类也许早就在暗处窥视了它埋藏食物的全过程。通常是两只狐狸协作偷窃食物，一只在附近放哨，另一只挖出食物，然后共同分享。狡猾、多疑的狐狸遇到同样狡猾的同类，就只能自认倒霉了。

珍贵的骆驼家族

骆驼家族分为无峰驼、单峰驼和双峰驼三大类。无峰驼共有四种：骆马、原驼、羊驼和小羊驼，均分布于南美洲。单峰驼和双峰驼分布于亚洲荒漠地带。单峰驼野外已灭绝。双峰驼体形高大，体长3米，肩高2米，体重500千克以上。野骆驼分布于中国新疆、甘肃、青海、内蒙古及蒙古人民共和国等地区。据最新调查估计，野骆驼野外仅存1000只左右，已被列为国家一级重点保护野生动物。家养双峰驼性温顺，极耐饥渴、酷暑、严寒、风沙，适于沙漠旅行，人称"沙漠之舟"，两千年前就是著名的"丝绸之路"上的主要交通工具。

人类沙漠活动的最佳搭档

野骆驼集群活动，一般夏季分成小群，冬季聚为大群，随季节、气候、食物变化进行较大范围的迁移。一般在白昼活动，但因其饱食后就要找一处比较安静的地方卧息反刍，所以常出现昼夜游移、黑夜白天不分的现象。野骆驼性格机警顽强，反应敏捷，奔跑速度较快，且耐力持久，极能吃苦耐劳，自卫时靠后足弹踢或口喷草渣，抵抗力强，是人类沙漠活动中的最佳搭档。

野骆驼具较高的研究价值，可用来研究家骆驼的起源和演化过程。野骆驼四条腿细长，四蹄大如盘，蹄下生有肥厚而宽阔的海绵状肉垫，能起到防险和隔热的作用，可耐沙漠中60～70℃的高温或零下20～零下30℃的严寒。体表长毛覆盖

○家养双峰驼

短毛，具有防寒、隔热、绝缘的作用。眼睛生有双重眼睑，两侧眼睑能单独开闭，眼外长着两排浓长的睫毛，能在狂风沙暴中识途辨向。它斜生的鼻孔中，生有能开闭的挡风瓣膜，鼻甲骨呈卷曲状，鼻腔黏膜面积达1000平方厘米，是人鼻腔黏膜面积的80倍，是极好的热交换器，呼出的气体经过鼻道冷却，能回收60%的水分。圆小的耳朵里长满阻挡风沙的耳毛。野骆驼胸、前后膝和肘端等部位的皮肤增厚，形成多块耐磨、保暖、隔热的角质垫，可随时在温差悬殊的砂砾荒滩上卧息。

野骆驼生活在自然条件极端艰苦的荒漠戈壁，那里渺无人迹，植被十分稀少，连最强悍的狼群也难以立足。它们整日四处觅食，只能靠生长在沙漠中的低矮有刺和干粗植物维持生命。如沙棘、梭梭草、红柳、胡杨、沙枣。艰苦的环境使它们的嘴巴厚似橡皮，特化的牙齿和舌头能将干硬的带刺粗料嚼碎吞食。它们的胃具有极强的消化功能，被消化的食物大多转化为脂肪储存到驼峰里，以备长途跋涉、食物短缺和水分失调时维持生命。野骆驼的驼峰呈圆锥状，坚实硬挺，从不侧垂。驼峰是骆驼维系生命的仓库，驼峰内储存了体内大部分的脂肪，达40～50千克，相当于其体重的20%。驼峰不仅能有效地隔热和防止水分蒸发，还能随时提供野骆驼生命活动必需的能量和水分。

当遇到水源时，骆驼能痛饮100千克以上，迅速进入循环系统至细胞内备用。科学家发现，骆驼血浆内有一种特殊的血浆蛋白，具有极强的保水能力，当骆驼体内失水达30%，处于极度失水状态时，血量仅减少10%，仍能保持正常的血液循环。而人遇此情景时，血液会因失水而变得十分黏稠，血液循环速度缓慢，毛细管缺血，体热无法散失，最终体温急剧升高而死亡。

南美洲无峰驼孕育了古印加文化

○羊驼

南美洲四种无峰驼孕育了灿烂的古印加文化，是南美洲由野生动物驯养而来的重要家畜，是南美洲印第安人千万年来衣、食、住、行的来源。其中羊驼由原驼进化而来，又名美洲驼，主要分布于南美洲的秘鲁和智利高原山区。羊驼体形似高大的绵羊，颈长而粗，头较小，耳直立，体背平直，尾部翘起，四肢细长，被毛长达60～80厘米，呈浅灰、棕黄、黑褐色等不同颜色，雄性略大于雌性。羊驼是一种半野生动物，栖息于海拔4000米以上的高原山区，喜结成十余只或数十只的中小群体，由一只健壮雄性率领，以高山棘刺植物为食。发情季节雄性羊驼争夺配偶十分激烈，每群只容一只健壮雄性存在。羊驼性温顺，早已被当地

○小原驼

人驯养为家畜，主要用于驮运。羊驼毛比羊毛长，光亮而富于弹性，可制成高级的毛织物，皮可制革，肉味鲜美。南美洲诸国政府已建立了许多专门研究无峰驼的机构和养殖中心，使其朝着人类需要的方向健康发展。

小知识

据科学家研究，大约4000万～5000万年前，骆驼家族的祖先起源于北美洲草原沙漠地带。大约300万年前，随着地球气候的变迁，一群骆驼通过白令地峡迁移到亚洲草原沙漠地带，成为现存的双峰野骆驼。另一群无峰驼向南越过巴拿马地峡，散居于南美洲，成为现今的四种无峰驼。

河马不是马

河马的祖先叫石岩兽，它们生活在几百万年到几千万年前，据中国古生物学家对云南东部褐炭层里河马化石的考证，大约两三百万年前，中国云南曾经生活过河马。现在河马仅生活在非洲热带的河流和沼泽地带。河马的外形看不出"马"的痕迹，成年河马身长约4米，肩高约1.5米，重达3～4吨，身躯像一个圆桶，四肢短粗，脚有四趾，趾间生有蹼。它是陆生哺乳动物中仅次于大象的大个子，外形像只超级肥胖的"河猪"，其实河马与猪在动物分类学上同属于猪形亚目，它们有着远缘的亲戚关系。

身体庞大，丑笨出奇

河马的身体庞大笨拙，粗、蠢、笨、丑得出奇，长着一个特别巨大的头，头骨重达几百千克。河马的嘴是陆地动物中最大的，河马也被人们称为"大嘴巴河马"，当它张开畚箕状的嘴巴时，上唇高过头顶，张开达120度以上，能站进一个高80厘米的小孩。河马犬齿特别大，长50～60厘米，重2～3千克，下齿向前长，像个耙子。它的鼻孔、眼睛和耳朵都朝上，长在脸的上部接近头顶的一个平面上。

水陆两栖生活

河马过的是水陆两栖生活，每天在水中生活18个小时，进食、谈情说爱、交配、分娩、哺乳均在水中进行。夜深人静时河马到陆地上觅食，

○河马群

有时一夜间可走30～40千米。白天它们长时间地、一动不动地潜伏在水中休息，通常仅露出头部的鼻、眼和耳朵，而真正潜水游泳时，在水下一般每7～15分钟，就要把头伸出水面深深地吸口气，此时能从鼻孔中喷出像喷泉似的雾状的水珠，十分好看。在陆地行走时河马群按年龄先小后大的顺序取食青草或芦苇。河马的主食是水草，如果水中食物不足或想换口味，便登陆觅食。一头成年河马一天要吞食30～40千克的植物。

河马喜欢"有组织"的"母系"群居生活，通常雌性和幼年河马占据河流湖泊的中心地域。年长的雄河马在外缘保护，年轻力壮的雄河马距中心更远，这样有利于它们自行组建新的家庭。发情的雌河马可任意游出中心地带，进入雄河马的地盘。违反这一"家规"的雄河马会遭到全群河马的"谴责"和攻击。

"产妇队"

怀孕的雌河马到分娩时都会离开原来的群体，它们临时组成一个"产妇队"，以便互相照应。刚出生的小河马体重达40千克，在水中待10天左右，就能随妈妈上岸了。河马妈妈间的互助精神极强，相互照管孩子是她们应尽的职责。雄河马是不称职的父亲，强烈的嫉妒心使它们有时会冷酷无情地攻击自己的亲生骨肉。恐怕这也是雌河马离群分娩的原因之一吧！

○母子情

"厚皮兽"

河马是"厚皮兽"，背部和两侧的皮肤厚达4～5厘米，皮下脂肪有几厘米厚，却十分怕冷，喜欢生活在水温保持在18℃以上，气温保持在20℃以上的环境。河马除了尾巴末端、耳尖、唇端等极少数体表生有一点钢毛外，粉红褐色的皮肤完全裸露，十分光滑。河马对付炎热、干燥的环境有独特的办法，通过浑身丰富的汗腺排出红色的油脂状"血汗"来湿润皮肤，否则皮肤就会干裂。

○倭河马

笔者曾陪同河马长途运输，离水环境长达28小时之久。这期间需要每隔2小时左右就给它们身上泼上干净的水，以保持其皮肤的湿润，即便这样处理，河马的皮肤上仍会有红色的"血汗"渗出。

性情温和又暴烈

河马性情温和，胆子很小，一般情况下对人是友好的。当然也不可以轻易触怒它，尤其是在雌河马哺乳幼仔期内，护仔的母性会使它发作野性的狂怒，张开利齿毕露的巨嘴，顶翻小船，咬断船舷，伤及人类。哪怕它突然张开血盆大口，巨吼一声，也会吓退最大胆的动物。

河马在自然界朋友很多，鹭鸶鸟就常落到河马背上，吃掉它身上的寄生虫。鸟还能发现敌情，及时报警，它们和河马是互利互惠的朋友。

在河马家族中还有一种矮种河马，生活在西非密林中，平均高80厘米左右，体长1.5～2米，体重250千克左右，像一只大猪，只及普通河马的1/5那么大，人称倭河马。它们不喜群居，性情孤独，好斗，常单独或成对活动，每日在陆上的时间多于在水中的生活时间。白天它们在水沟或河泽的荫蔽处睡觉、休歇，夜间出来沿固定的林间小路觅食。

河马同类间也会发生冲突格斗"三步曲"。首先是"对吼战"，两只河马虎视眈眈地靠拢相距10米时，张开血盆大口大声吼叫，吼声高者胜之；如吼声不分高下，进入第二步"顶撞战"，双方用巨大的头部朝对方猛烈撞击，战斗持续15分钟左右，直到将对方顶翻，四脚朝天为止；如"顶撞战"不分上下，第三步就是血淋淋的"牙咬战"，双方张开大口，向对方狠狠咬下，结果是双方躯体都被咬得遍体鳞伤，鲜血淋淋，直到一方倒地服输为止。这就是公元前古罗马斗兽场上河马血腥格斗的场面。当然这种血腥的场面现在是很少有人能亲眼见到的。

有袋类动物的代表
——大袋鼠

有袋类动物主要分布于澳大利亚及其附近岛屿，所以大洋洲各国被称为"有袋类之国"。袋鼠是有袋类动物中的大家族，全世界有60多种。大袋鼠已成为澳大利亚的象征，这个国家的国徽上绘有袋鼠，国际航班客机上有奔跑的袋鼠图案，袋鼠还被广泛地用作商标图案。

有袋类动物中的"巨人"

大袋鼠是有袋类动物中的"巨人"，它身长1.3～2米，尾长约1～1.2米，体重达100千克，站立时高达2米左右。最为人们熟悉的是大赤袋鼠和大灰袋鼠。

袋鼠的体形似一只大老鼠，小脑袋像没长角的鹿头，眼睛和耳朵都很大，视力和听力都很好。袋鼠的前肢短小，后肢长而强壮有力，四肢各有四趾，长有锐利的爪。它们在野外活动时，靠强壮的后肢跳跃、奔跑；前肢平时很少落地，只有在吃草时才着地。袋鼠行动时用的是跳跃式的行进方式，稍一用力就可跃过8～9米的沟壑，毫不费力就能跳过2～3米高的障碍物，几百米的短距离连续跳跃时速达到64千米。科学家模仿袋鼠的运动方式设计出无轮汽车——"跳跃机"，能在崎岖不平的坡地和沙漠地带畅通无阻。

后肢和脚爪、粗壮的尾巴还是袋鼠御敌的有力武器。当遇到猎犬等敌害追逐而面临绝境时，平时温顺的袋鼠会使出致敌死命的绝招。聪明的袋鼠背靠大树，大声呼叫着，突然伸直前肢，将两只匕首般的尖爪刺入猎犬的腹部，使对方肚破肠流，或者用后肢猛蹬敌方腹部，同时配合粗大的尾巴狂扫过去，也能致敌死命。我们常在动物园看到两只大袋鼠格斗，双方用后肢和尾巴站立，伸展前肢快速地袭击对方，场面颇像擂台上的拳击比赛。

袋鼠的尾巴又粗又长，重达10千克，根部比腿还粗。休息时，它们的尾和

○大赤袋鼠

后肢呈"三足"鼎立，显得十分稳定。奔跑跳跃时，尾巴高高翘起晃动着，调节着身体的平衡，起着"舵"的作用。袋鼠的尾巴还是保存脂肪的食品仓库，其调节营养的功能，可与骆驼背上的驼峰相媲美。

如果是在河流、湖泊附近，聪明的袋鼠会跳进水中，将追逐它的猎犬引入河里，用前肢抓住它们的头按入水中。此时敌方只能逃之夭夭，否则就会被淹死在水中。

繁殖之谜

科学家对袋鼠的繁殖之谜探索了100多年，1960年，澳大利亚生物学家才彻底揭开了这个谜。袋鼠比鸭嘴兽进化了一步，不生蛋而能怀胎，但是它没有长期供给胎儿营养的胎盘。

大袋鼠每年在夏季（澳大利亚1～2月）婚配，交配后母袋鼠离群隐于草丛中，孤独地等待孩子的出生。遇到恶劣干旱的气候，它们会暂停胎儿的发育，等外界条件好转再继续让胎儿发育，一般怀孕期只有30多天。临产前2小时，雌袋鼠会将腹部育儿袋里的脏东西清理出去，用舌头把育儿袋舔得干干净净，还会把长长的尾巴和腹部舔湿，等待幼仔的出生。

新生仔没有毛，闭着眼睛，半透明，五官不全，只有2厘米，1克多重，与蚕豆或小手指肚差不多大小，只有母体重量的三千分之一，十足是不成形的早产儿。新生仔生下来正好落在妈妈的尾巴上，这个紧闭双眼的"小怪物"开始了一生中最艰难的征程。它们顺着母亲的尾巴，像蠕虫一样弯弯曲曲地爬进育儿袋，进袋后四处寻找奶头，碰到了奶头立即衔住，挂在上面吮吸乳汁继续发

育生长。所以人们都说，大袋鼠的幼仔是从乳头上长出来的。

○大赤袋鼠

大袋鼠每胎只生一仔，极少生2个以上的，最后也只能保留一个孩子。因为大袋鼠育儿袋内虽然有四个奶头，但由于奶水不足，每次只能哺育一个幼仔。小袋鼠在育儿袋里经过5个多月发育，体重达到5千克，才敢小心翼翼地探出头来，看看这奇妙的世界，偶尔它们也爬出袋外，学着妈妈那样咬一口嫩草。胆小的幼仔一有风吹草动就立即钻回育儿袋。一般幼袋鼠要在育儿袋中哺育约8个月才离开母体，大约经过3～4年的时间才能长成成年大袋鼠的模样，而寿命只有10～15年。

澳大利亚袋鼠比人多

大袋鼠一般生活在广阔的草原和沙漠地区，包括灌木丛和疏林区，经常20～30只或50～60只小群活动，各群间地域性强，多在夜间觅食，白天在树荫下休息，以青草、野菜、树皮、嫩叶、嫩枝、植物根为食。大袋鼠胆小而机警，有灵敏的视觉、听觉和嗅觉，遇到别群犯界，群体间就会产生激烈的格斗。大袋鼠是澳大利亚的标志，长期受保护，以致繁殖数量激增，现在估计约有5000万只以上，而澳大利亚的人口才只有2000余万。它们到处流窜，闯进农庄、牧场，损坏庄稼和牧草，甚至窜入市区，横冲直撞，挤占通道，在公路上造成交通事故，在澳大利亚，大袋鼠已成了一种灾害。

小知识

公元1770年，英国航海家詹姆斯·库克见到这种叫不出名字的奇异动物，问当地土著人时，对方答道"kangaroo"，库克误认为这就是这种动物的名了，其实"kangaroo"是当地土语"不知道"的意思。以误传误，直到现在英语里仍把这种动物叫做"kangaroo"(坎格鲁)。中国人形象地称其为袋鼠。

可爱顽皮的树袋熊
——考拉

  树袋熊是澳大利亚东南海岸特有的珍稀动物，人们称它是有袋类动物中的"骄子"。几十年前，中国的大熊猫尚未赢得世界公认，树袋熊已博得了各国儿童的欢心，成为世界上最讨人喜欢的动物之一。

讨人喜欢的"树熊"

  树袋熊的体型大小和一只胖猴子差不多，身长约50～60厘米，体高30厘米，体重在10～12千克之间。从外形看树袋熊的确像只小熊，全身密密地长满青灰色或银灰色的毛，柔软而厚实，显得肥肥胖胖的，四肢短粗，头顶两侧竖立着两只长满了密毛的大耳朵，瞪着两只视力很差的大眼睛。最突出的是它稚气可掬的圆形脸上，长着一个厚而无毛的大光鼻子，就像是有人把橡皮球贴在了它脸上，再配上一双圆溜溜的亮眼睛，模样显得非常滑稽可笑。树袋熊性情温和，平时傻乎乎的，看上去总是面带逗人的笑容，被惹恼时，还会发出婴儿似的"哭声"来"撒娇泄怨"，十分讨人喜欢。

考拉的生活

　　树袋熊生活在茂密的桉树林里，是百分之百的素食者，而且食谱单一，600多种桉树中，仅吃不到10种桉树的叶子和果实。它们吃在桉树上，睡在桉树上。白天抱着树干睡觉，或者长时间地"静坐"闭目养神。晚上吃树叶，每晚要吃1.25千克树叶，吃不完的食物可储存在两颊边的口袋里。

　　树袋熊的英文名叫"koala"（考拉），是当地土语"不喝水"之意。它们终生生活在树上，每晚吃的树叶内的水分足够维持它们的体力和健康质量。树袋熊的足大而扁平，前掌似手，第一、二趾和其他三趾相对而生，后足第三趾有膜相连，前后趾端都长着尖利的弯爪。所以它们能紧紧抓住树干、树枝，即使睡着了也不会掉下来。它们每天必须保证睡觉或"静坐"20小时，平时我们看到的树袋熊总是一动不动地在睡觉。一是由于桉树油有催眠镇静作用，二是桉树叶的营养不够，它们要为节能减耗保持体力。

　　树袋熊前肢比后肢粗壮，四肢结实有力，爪子长且锐利。虽然它们的攀缘和跳跃动作显得缓慢和笨拙，却具有非常好的平衡能力和敏捷的攀树能力。爬树时不是一步一步地向上爬，而是一段一段地向上蹿。它们能由一根笔直的树干上横跳到另一根树干上，常用一只前肢或一只后肢悬挂在树干上。母树袋熊背上驮着婴儿也能在树上跳跃自如。树袋熊的尾巴退化变成了一个"坐垫"，所以它能稳稳当当地"静坐"在树杈上。

○考拉睡觉的样子

生儿育女

　　每年的11月至第二年的2月，是树袋熊的繁殖季节，怀孕期30天左右，每胎1仔。初生的幼仔长2～2.5厘米，重约5克左右，发育很不完全，前肢已成形并且有爪子，但后肢几乎没有爪子。双眼紧闭的幼仔，依靠天生的嗅觉慢慢地爬向母亲的育儿袋。育儿袋中有三个乳头，乳头被幼仔吸附，就会膨胀，流出乳汁，吸引住幼仔。5个月后，幼仔四肢都初步成形，旧爪脱落，长出一副新爪子。6个月左右断奶，幼仔离开育儿袋，翻身爬上母亲背部撒娇顽皮。此时母亲给它吃一些淡绿色的经过咀嚼的桉树叶。在幼仔自己吃桉树叶之前，常先舔食成年树袋熊肛门外的粪便，以获得能消化纤维素的细菌和原生动物。母亲将有利于消化的酶、体液传递到下一代的胃中，对幼仔的一生关系重大。树袋熊十分爱护孩子，教给幼仔各种生活的本领，爬树、跳跃、选择树叶，鼓励幼仔离开自己，早日独立生活。但不懂事的幼仔，有时会偷懒、撒娇，不完成"功课"，这时母兽就会毫不客气地教训幼仔。母兽像人一样，把幼仔按在膝上，用前掌使劲打它的屁股，打得幼仔吱吱乱叫着"告饶"。

　　一年后，小树袋熊就不缠着母亲了，但还会在离母亲很近的地方活动，常回家与母亲亲热，直到成年了才离去。树袋熊的母子关系保持时间特别长，这种母子眷恋情深使人类产生了无尽的遐想。许多澳大利亚的海外留学生，特别喜欢树袋熊，说看见了树袋熊就想起妈妈，他们的床头柜上几乎都放着一只毛茸茸的树袋熊玩具。

　　桉树叶子中纤维含量高，不易消化，而且还含有挥发性的毒油。在千万年的长期取食过程中，树袋熊获得了防御功能，锻炼出了"化害为利"的本领。树袋熊有长达1.8～2.4米的粗大

○可爱的考拉

盲肠，内含许多消化纤维素的酶和原生动物，它们凭借天生的敏锐嗅觉挑选吞食含毒性油最低的几种桉树叶，那些未被消化的桉树油通过排泄器官，或大部分由皮肤和肺脏排泄。所以树袋熊浑身都散发着桉树油的独特气味，这种气味具有杀虫效应，防止了各种寄生虫的侵袭，因此，人们称树袋熊是"不生寄生虫的动物"。

小 知 识

哺乳动物主要由三个亚纲组成。原兽亚纲（单孔目）动物，仅3种；后兽亚纲（有袋目）动物，约有250种；真兽亚纲动物（包括人类），约有4000种。有袋类动物主要分布于澳大利亚及其附近岛屿。有袋类包括：袋鼠、袋狼、袋鼹、袋貂、袋熊、袋狸、袋鼹等。它们虽然在进化上比单孔目动物高等些，但仍属于古老的低等哺乳动物。

○亲密的考拉母子

会飞的哺乳类
——蝙蝠

蝙蝠是生物链中的"关键种"，它的减少将严重影响森林生态系统的稳定。蝙蝠是蛾、甲虫、蚊蝇等害虫的重要天敌。一只蝙蝠一夜能吃掉其体重一半以上的害虫。栖息在一个洞穴的几万只蝙蝠一年能消灭几十吨害虫。而专吃水果的果蝠，是森林植物的传粉者和种子传播者，对森林的演替起着重要的作用。

病毒的携带者

蝙蝠是数十种病毒的自然寄主，其中不乏非典、尼帕、狂犬病、亨德拉、梅南高等烈性病毒。1998年尼帕病毒在马来西亚暴发，导致105人死亡；2004年在孟加拉暴发，导致几十人死亡。2005年5月到6月间，巴西北部帕拉州农村地区有700多人遭蝙蝠叮咬袭击，造成33人死于蝙蝠叮咬后的狂犬病。而当地农民毁林开荒，推平洞穴，严重地破坏了蝙蝠的生存环境，导致蝙蝠向村落迁居，并在夜晚袭击村民。

20世纪40年代，一种神经疾病神秘降临关岛，病人身体虚弱，瘫痪和日渐消瘦，最终死亡，其症状与帕金森病类似。经科研人员长期研究发现，这种病与吃狐蝠直接相关。原来狐蝠食用大量苏铁植物的种子，这些种子含有能引起神经紊乱的毒素，因此狐蝠的体内积累了大量的致病毒素，而人吃狐蝠的后果，就可想而知了。

○菲菊头蝠

倒挂不累吗

蝙蝠有一对健壮带弯钩的后爪，休息时利用这双钩爪倒挂起来。蝙蝠为什么倒挂？头朝下挂着它不累吗？……

倒挂是蝙蝠亿万年进化而来的适应环境的生存技巧。它们的后腿肌肉相当发达，特殊的后足肌腱可以通过紧扣的姿势把后足的爪锁住，不需要消耗任何的肌肉能量，就能把自己牢牢悬挂起来。其实

○棕果蝠

蝙蝠用一只爪就可以承受全身的重量，另一只爪可以帮忙吃东西，甚至死去了也能稳稳地倒挂着。它们选择一个安全可靠的地点，利用后足肌腱紧锁功能把自己悬挂起来，可以逐渐地进入蛰伏或冬眠。它体内的脂肪营养能维持多长时间，它们就挂在那里"睡"多长时间。当然倒挂、紧锁脚还可以使它们相互安全地挤在一起取暖、保持体温、躲避敌害、进入冬眠等，过于拥挤时它们可以在群体中自由下落后，打开巨大的翼膜，滑翔、飞行。

卓越的飞行家

蝙蝠是卓越的飞行家，生有特殊性能的翼肢，从前臂到尾部连接全身，具有同人类手掌相同的结构，长而结构精密的骨骼，从与身体连接的翼臂，一直延伸到整个翼肢的前端，成为翼膜的支架。除了大拇指，蝙蝠的其他指头都有翼膜相连。而大拇指的作用是举足轻重的，每当蝙蝠想要方便和生产时，它就用大拇指的力量，从倒挂转为直立，像吊单杠的姿势那样，快速排泄完了或生出幼仔，一个空中翻转就可恢复倒挂的状态。

蝙蝠一般都有冬眠的习性，它们通过快速摄食，可在体内贮藏约占体重25%～30%的脂肪，休眠时呼吸及代谢比正常时低几十倍至几百倍，呼吸和心跳每分钟仅几次，体温降到与环境温度一致。此时蝙蝠处于最敏感、最脆弱的时期，任何干扰都可能造成蝙蝠必须耗能的觉醒，能量过度透支和食物的匮乏，极易造

成其无法坚持到来年春季而导致死亡，所以千万不要吵醒冬眠中的蝙蝠啊！

捕鱼能手

70年前，美国博物学家艾伦，在中国福州发现了一种浑身透露着诡异气息的神秘生物。这只小野兽有极细小的眼睛，牙齿尖利而突出，面貌狰狞，长着一对老鼠的耳朵。它最突出的特点是长着一双令人恐惧的巨大爪子，弯曲如钩，锋利异常，被定名为大足鼠耳蝠。人们猜测它是食鱼的蝙蝠，却始终无法找到证据。

现在中国科学家用快门速度二百五十分之一秒的高速摄像机拍摄到大足鼠耳蝠捕鱼的奇怪画面。原来在距蝙蝠洞外8000米处的水库中，生活着一种体长仅5厘米的叫宽鳍鱲（桃花鱼）的小白条鱼。大足鼠耳蝠在水面飞行时，每秒发出高达数百次的超声波，超声波信号最多只能进入水中3毫米，无法探测到水里的鱼群，于是喜欢主动跃出水面的小白条鱼成为它们捕获的对象。大足鼠耳蝠在短短的几毫秒时间内，在水面滑行距离不到10厘米，锁定目标，双爪迅速完成捕鱼动作，有时一次能捞两条鱼。这是目前用人工雷达系统也很难做到的。当它们快速划过水面时，任何细微的动静都逃不过它们具有发达的回声定位功能的灵敏的耳朵。

美洲的两种食鱼蝙蝠，则与水中的鲨鱼协作，专门捕食被鲨鱼追赶而跃出水面的小型鱼类。

汉字中的"蝙蝠"两字用的是虫字旁，意味着它是虫子。其实，它既不是飞鸟，也不是昆虫，而是胎生、哺乳的哺乳动物。蝙蝠属翼手目动物，是常见而又不熟悉的神秘的动物类群。蝙蝠在地球上已经存在了近亿年，目前世界上存在着1100多种蝙蝠，约占哺乳动物总数的1/5。关岛狐蝠是最大的空中飞行的哺乳类动物，体重1000多克，展翅可达1.7米。世界上最小的蝙蝠，生活在泰国的两个洞穴里，它们体长只有3厘米，展翅约6厘米，体重不足2克。

长颈鹿是深受世界各国人民喜爱的动物，现在野生长颈鹿仅生活在非洲大陆。据生物学家考证，大约1500万年前长颈鹿曾经分布在欧洲和亚洲的部分地区，但后来陆续灭绝了。长颈鹿不仅长相高雅、奇特、清秀，而且性情胆怯、温顺、文雅、和善，它总是默默地忽闪着泪汪汪的大眼睛（泪腺极为发达），怯生生、羞答答地注视着你。

陆地上最高的动物

长颈鹿是陆地上最高的动物，从脚底到角尖的高度一般高达4～5米，最高的达到7米以上，体重一般为900～1000千克，最重的雄兽超过1400千克。长颈鹿最大的特点是长颈和长腿，长长的脖子长达2米以上，其次是长腿，当它昂首站立时就像一座高高的瞭望台。其实长颈鹿的祖先原本颈和腿并不长，后来变长是由于长期适应自然环境逐渐进化而来的。千万年来长颈鹿顽强地生活在缺少青草和低矮灌木，仅有高大树木的环境中，为了生存，它们世世代代努力伸长脖子吃高树上的嫩枝嫩叶，经过长期的适应进化，留下了后代。可以说长颈鹿是"用进废退"（即获得性遗传）的产物，也是物竞天择、自然选择的活证据。

长颈鹿站得高，看得远，那双棕色突出的大眼，环

个头最高的哺乳动物

——长颈鹿

视四周，视野几乎达到360度，视域十分广阔，利于侦察和发现敌情。在危机四伏的非洲大草原上，鸵鸟、斑马、跳羚、角马、大羚羊、扭角羚、剑羚等动物都喜欢同长颈鹿结伴活动，就是因为长颈鹿可以给它们当义务哨兵，适时报警，有利于它们迅速躲避敌害侵袭。

长颈鹿奔跑的姿态很别致，它行走、迈步、跳跃、奔跑时，总是先把头颈向前伸展，然后又猛然缩回来；一边的两腿和另一边的两腿交替向前跳跃前进；如此交替进行，头和颈自由摆动，以平衡身体；尾巴高高地蜷在背上，蹄下的石块像雨点般地向后踢出，有效地阻击敌害的追袭，奔跑时时速超过60千米。

长颈、长腿有利有弊

长颈鹿的长颈、长腿还是强有力的进攻和防御武器。它2米长的长颈同其他哺乳动物一样，也是由7块粗大的颈椎骨组成的，长颈由比人手臂还粗的肌肉支撑。头顶部有坚硬的角状头盖骨，长颈就像是强大的"铁臂"，猛然挥击，能轻而易举地就使敌方肩碎、腰折。长颈鹿自卫主要依赖强有力的腿劲，它们能迅速地连续猛踢，制强敌于死命。曾有科学家在野外见到长颈鹿用有力的长腿猛烈地蹬踢狮子的胸部和肋骨，将狮子活活踢死。

长颈鹿的长腿也给长颈鹿的生存带来不利和危险。比如喝水就十分吃力，它要将前腿向两侧伸开或跪在地上，直到头部碰到水面。每次喝水都要起身伏下4～6次。除了休息，重要的是防备敌害攻击。因为狡猾的狮子等猛兽常常利用长颈鹿喝水之际偷袭。当然长颈鹿可以多日不喝水，因为它们吃的都是多汁的嫩叶、嫩枝。长颈鹿的舌头有45厘米长，可伸出口外30多厘米。长颈鹿每天吃下的食物有50多千克，胃像牛胃，分为4个室，即瘤胃、蜂巢

○长颈鹿凭借着一条黑色的长舌头可轻易地将树枝上的叶子吃干净

胃、重瓣胃和皱胃。吃食时只吞不嚼，吞下的食物先留在瘤胃，等回到安全隐蔽处，再将瘤胃中的食物返回口中慢慢地咀嚼享用。

刚出生的幼仔高2米

雌长颈鹿的孕期长达14～15个月，每胎1仔。长颈鹿都是站着产仔，可怜的幼仔一出生就要从2米来高处砰然摔到地上。刚出生的幼仔体高1.8～2米，体重50多千克。坠地的幼仔会很快站起来，大约半个小时之后就随妈妈吃奶走动，一周后就开始学吃嫩枝嫩叶，一年后身高就可超过3米。在野生环境中能幸运地活到1岁以上的小长颈鹿，大约只占出生总数的50%，其余的死于疾病、干旱、缺食或狮子等猛兽的口中。长颈鹿的寿命达30年。

长颈鹿生活在非洲的东南部13个国家，依身上的颜色和花纹不同分为9个亚种。花纹的基本底色是淡棕褐色或黄褐色，有的是赤褐色，隔开即成大小形状不同的斑块。有的像网纹，有的像不同形状的树叶，有的像不规则的雪花，颜色由浅黄至黑褐各不相同。长颈鹿身上的花纹就像人的指纹一样，个体间没有完全相同的。当成群的长颈鹿活跃在沙漠疏林草原上，既像一大片长茎的色彩斑驳的巨型花簇，又似一组组移动的美丽花坛，与自然环境融为一体，起到极好的伪装效果。

血压最高的动物

长颈鹿是世界上血压最高的动物，长颈鹿有一颗巨大的心脏，重量达10千克，心壁厚达7厘米，强健而有力。它平时心跳每分钟100次，每分钟输出血60升，心脏泵压可达300毫米汞柱，颈动脉血压为200毫米汞柱。高血压是它对长颈抬起和低下活动的一种适应。长颈鹿的头部比心脏高出大约2.5米，低头喝水时，头部又低于心脏位置2米多。那么，它是怎样把心脏血液压高2米？又是怎样防止低头时大量血液流向大脑的呢？

原来长颈鹿的动脉和静脉的形态已经特化，脑基部的颈动脉已分散成许多小血管丛，形成了一个复杂的网状海绵体；而颈静脉直径达2厘米，并形成了许多能够经受高血压的瓣膜。抬头时颈静脉是瘪的，高压血流通过颈动脉网状海绵体自行降压，保持200毫米汞柱；低头时颈静脉的瓣膜关闭，血液保存在粗大的颈静脉内，防止了静脉回流脑部和心脏；当颈动脉血液通过网状海绵体时，由小血管丛扩张而减压，血压降至175毫米汞柱，这样就成功地将脑部血压保持在正常状态。

哈哈，这可真是个天然的哨所。

小知识

长颈鹿有几只角？人人都能看到的是头顶上的一对角。小的一对角长在耳后，最小的一对角长在眼后，这两对角很短小，犹如小小的突起，不被人们注意，甚至不能算角。雄长颈鹿还长着第7只角，着生于额的中央，是性别鉴定的依据之一。长颈鹿的角表面终生披有带茸毛的皮肤，永不更换和脱落。

最大的陆生动物
——非洲象

　　在地球上象类是5000万年前出现的，除大洋洲、南极洲外，象曾分布在地球所有的大陆。至今人们已发现350多种象化石，欧亚大陆曾广泛分布个体很小的毛象，西伯利亚的冻土层中有保存完好的猛犸象，甚至有的嘴里还有食物。象科动物有500万年的历史，大约有6～7种，如今只剩下亚洲象和非洲象。象与海牛、蹄兔同属一个类群。动物学家把非洲象分为两个亚种：森林象和草原象。

陆生哺乳动物之冠

非洲象是陆生哺乳动物之冠，最大的非洲象肩高3.96米，体长10.67米，体重11.75吨；最大的非洲象牙长3.5米，重107千克；普通的雄性非洲象体重5000千克。象平时行动缓慢，1小时行走6千米，但在激动时，奔跑时速可达40～60千米。它一天的食量为：食物170～280千克，饮水140～230千克。一天中花费18～20小时寻找食物、水源，为采食一年要行走1.5万千米。为了寻找新的草场不断迁移，它的一生就像是极有耐性的漫长的寻食旅行。动物园中1只大公象每天能吃掉300千克以上的食物，排出的粪便也多达150千克。

非洲象以尖利的门牙、有力的长鼻、狂怒的吼叫和群体的团结，组成大自然最坚强的组织，抵御外敌的威胁，自然界中几乎没有能给象群以伤害的动物，只有人类的疯狂猎杀才是非洲象生存的最大威胁。

象鼻是由鼻子和上唇共同延伸形成的，鼻孔开口在最前端，它是由4万多块纵向和环形的肌肉纤成的，鼻内有发达的神经系统，可以向任何方向弯曲、伸缩。象鼻的功能有：收集信息，确定势力范围，发现陌生气味等；拾取物品，小到一根针，大到10米高的树，1吨重的东西；驱赶蚊虫，淋浴，喝水（每次能吸进15～20升水）；攻击和自卫。象的大耳朵也有驱赶蚊虫和散热的功能。驯养的大象鼻子能吹口琴哄小孩，也能让小孩骑在鼻子上荡秋千。象以握鼻表达友好，但在发怒时鼻子就变成了战斗的武器。敢于侵犯或伤害它们的人或动物，将被象鼻卷起抛到很远的地方。象用灵敏的鼻子嗅觉感应附近动物的种类，察觉它们的企图。

大象的门齿随象体成长越长越长，成年象的门齿平均长度为2～3米，重量为25～40千克，象牙十分坚硬，是防御和攻击的锐利武器。它们的门齿由于过度使用而磨损，甚至断裂，而磨损的程度是象群中身份高低的重要标志。一旦门齿断裂就会成为残废，但象群不会忘记它为集体作出的贡献，会时常给它以必需的帮助。

○争斗

非洲象会游泳吗

东非的象常吞食石块，原来，它们的食物中缺少硝酸钠，在吞食的石块中，含有大量的硝酸钠，补充了消化液中这种盐的来源。非洲象是长距离游泳的高手，津巴布韦每年都举行一次非洲象马拉松游泳比赛，时间长达30小时，距离为35千米。象夜间睡眠时并非老是站着，它们通常在后半夜卧在地下，老象只卧2～3小时，年轻的象卧的时间长些。

人与象要友好

非洲象是智慧的动物，人们对它的评价是善良、聪明、公正、顺从。非洲象十分机警，有旺盛的求知欲，喜好交际，关心失去父母的幼象，具有爱憎分明的情感。它们彼此间通过次生波对话，有30多种声音。它们清楚偷猎者图谋象牙的目的，偷猎者用毒箭射死大象后，往往任其腐烂，以便更容易获取象牙，活着的象会找到同伴的尸体，撬下象牙，藏到猎人难以发现的地方，或是

○非洲象队

在石头上砸碎象牙，使猎人无法得逞。在肯尼亚内罗毕的保护区内曾有一只非洲象陷入泥潭，保护区管理人员发现后，找来100多个村民，用了4个多小时，才把它从泥潭中拉出来，象甩掉身上的泥巴，然后面对众人，用长鼻子做出了"谢谢"的动作。

非洲象15岁性成熟，孕期22~23个月，每胎产1仔，哺乳期为4~6个月，有时能延长至2~3年，幼象成活率只有50%。非洲象的平均寿命是60~70岁，长寿的能超过100岁。

4万年前人类就开始利用象牙制作装饰品。在象牙中，非洲象的质地优于亚洲象，母象牙优于公象牙，被称为"牙中牙"。在国际市场上每千克象牙价格为200~250美元，近十几年，每年从非洲运出的象牙达800吨，经过加工后的象牙，成交价每吨达10亿美元。为了保护非洲象，阻断象牙贸易，肯尼亚曾经一次就烧毁12吨象牙（3000多枚），并在1977年建立起大象保育院，拯救大象孤儿。100年前非洲大陆的野生象还有1000万只，20世纪50年代时还有250万只，1987年只剩下不到70万只，现在每年仍递减8万只。

非洲象和亚洲象的区别：耳朵，非洲象比亚洲象大1倍多；头形，亚洲象两边隆起，中间凹下，非洲象头顶扁平；背部，非洲象肩、臀高，中间塌，亚洲象中央高；趾部，非洲象前肢5趾，后肢3趾，亚洲象前肢5趾，后肢4趾；象牙，非洲象雄雌均有长牙，雌性亚洲象的牙不露出口外；鼻子，非洲象前端有2个指状突，亚洲象只有1个。

人类在海洋中的可靠朋友——海豚

海豚是海洋馆里最受人们喜爱的表演明星，关于海豚的种种传说也增强了它们许多的神秘感，为什么它们的表演能力这么强？为什么它们这么聪明？在海中救助人类是它们的本能吗？……

聪明绝顶

在鲸类动物中，要数海豚种类最多，全世界共有34种。在浩瀚的大海中，海豚科动物是智力最发达的，表现最出色的是宽吻海豚，不仅可与陆地上黑猩猩的智力相媲美，而且学习模仿能力还略胜一筹。

科学家对人、海豚、猿的脑重与体重之比进行了研究，发现海豚的脑不仅很大，而且沟回很多。据测定海豚脑重是体重的1.7%，而人为2.1%，黑猩猩只有0.7%。从脑的绝对重量比较看，一头成年海豚的脑重平均为1.6千克，人脑重约1.5千克，而黑猩猩的脑重不到0.5千克。海豚脑各种数据均大大超过黑猩猩，所以海豚的智力发达。此外海豚的脑还有一种特异的功能，即海豚大脑由完全隔开的两部分组成，当其中一部分工作时，另一部分可以充分休息，每隔10多分钟轮换一次。因此海豚可终生不眠，终日搏击风浪，不会感到疲乏。

　　大多数在海洋馆表演的海豚是宽吻海豚，又叫大海豚、尖嘴海豚、胆鼻海豚。它们体长2.5～3.2米，头部的喙较长，额部隆起明显，身体为流线型的细棱状，游速甚快，而且不会引起水面的波纹。宽吻海豚常活动在海岸附近或大江河口近海的水域。它们生性活泼，动作灵活，喜欢玩耍，能做出引人注目的跳跃动作。许多旅游海滩，都因与人友好的宽吻海豚的出现而闻名世界。宽吻海豚以其独特的永远微笑着的脸，短促而刺耳的"咔嗒"声，迎接八方来客。它们兴奋地穿梭在人腿的"迷宫"中，任由热心的游客温柔地抚摸、接触。海豚的"微笑"好客惹人喜爱，人们赞赏海豚象征着"永恒的友谊"。

海豚会救人

　　海豚不只对人友好，还会救助落水的人类。古往今来有许多海豚救人的真实记载。据古希腊史学家希罗多德记述：有位叫阿里昂的音乐家，乘船返回希腊的科林斯，返航途中，水手们发现他带着许多钱财，贪婪的水手威胁要杀死他。阿里昂祈求水手们允许他演奏人生最后一曲，曲终便投入大海。水手们以为他必死无疑，但当他们回到希腊时，却见到阿里昂带着执法官正在码头等着他们呢！原来阿里昂奏出的优美动听的乐曲，把通晓乐理的海豚吸引到船周围。当音乐家落海生命垂危之际，海豚驮着他，一直把他送到伯罗奔尼撒半岛。这个故事流传已久，人们总是半信半疑的，但是近代关于海豚救人的报道越来越多，人们已经确信，海豚是人类在大海深处的可靠朋友。

　　科学家对海豚救人有许多推测，有的认为智力发达的海豚具有人类的救人意识；有的认为海豚对人友好是与人玩耍的一种行为；有的认为海豚平时爱把幼仔托出水面，喜欢推动海面上的漂浮物，也经常托起负伤的伙伴，它们救助溺水者，是其固有习惯行为的巧合。虽然海豚智力出众，但具有人类那样的救人意识好像不大可能。看来第三种推测比较合乎实际。

　　经过人类训练的宽吻海豚能听懂训练员发出的各种指令，表演的节目达24个之多。优秀的海豚演员会表演"唱歌"、"与人接吻"、"顶球"、"牵船"、"驮人"、"打保龄球"、"与人握手"、"跳迪斯科"、"钻火

○传情

○跳跃　　　　　　　　　　　　　　　　　　　　　　　　　　　○捕食

圈"、"踢足球"、"敲钟"、"打乒乓球"、"投篮球"、"跃出水面4米摸气球"等精彩节目。它们还是海洋工作者和军事部门的得力助手。美国军事部门成功地训练海豚打捞沉入海底的宇航器部件和深水炸弹，保护潜水员，驱逐鲨鱼，担当海洋救生员的信使，训练海豚侦察舰船，排除水雷，直至操纵和发射水下导弹等等。

　　"声呐"英文的意思是"声音、导航和测距"。海豚的眼睛能看到水面上下的物体，但它们的航行和觅食是用声呐回声定位方式进行的。水是极良好的传音导体，海豚的下颌部能准确地感觉到声波返回的振动，立即传递到耳朵，最后传到大脑，大脑中枢发出指令，指挥身体作出相应的反应。海豚运用声呐回声定位系统，可以"看到"各种立体型物体，即使在完全黑暗中也不例外。这种高超的超声波系统甚至可以像拍X光那样"看到"探测潜水员或其他动物的体内器官。

○舞姿

圣洁、优雅、恬静的天鹅

大天鹅

大天鹅（鹄）属雁形目鸭科，体长120～150厘米，体重9～10千克。全身羽毛洁白，前额及嘴基部的黄斑向前延伸至鼻孔之下，带金属光泽。中国东北、内蒙古、西北诸省（自治区）是主要的繁殖地，迁徙时遍布北方各省，越冬地有山东沿海、黄河三角洲、江苏沿海、长江三角洲、长江中下游水域及青海和新疆南部等地区。大天鹅栖息于人迹罕至的淡水湖泊、水库、滩涂、沼泽地及其他水域，主食水生植物茎叶、种子和其他植物，亦食软体动物和水生昆虫等。大天鹅体形庞大，起飞时需在水面助跑加速后再飞向空中。颈向前伸，脚并向体后，轻轻扇动翅膀，姿态非常优雅。

大天鹅生性恬静，有着高而长的弯颈，头颈之长可超过体长，身体呈流线型，体态雄壮、端庄、优雅，给人以圣洁、美好的遐想，自古就是祥瑞的吉鸟，是历代帝王达贵们的宠物。据鸟类学家观察，天鹅是少数保持"终身伴侣制"的鸟类，在繁殖期互助友爱，平时也是终日成双成对，相亲相爱。如果一

只夭亡，另一只就终生孤独生活。中国的西北地区是大天鹅的主要分布区，许多水域是大天鹅的繁殖地，由于生态的恶化和人为的猎杀，大多数地区已看不到大天鹅了。现在中国新疆的巴音布鲁克湖已成为世界著名的"天鹅湖"，每年夏季湖里都聚集着上万只大天鹅在繁殖后代。

○小天鹅洗浴

小天鹅

　　小天鹅属雁形目鸭科天鹅属，体长120厘米，通体白色，体态与大天鹅相仿，除稍小外，主要区别是嘴基部的黄斑较小，其喙基的黄色斑不延伸到鼻孔之下，喙较短，故称短鼻天鹅。欧洲北部和北极苔原地带是小天鹅的主要繁殖地。它们在中国为旅鸟和冬候鸟，迁徙途经东北、华北、西北诸省（自治区），飞越世界屋脊喜马拉雅山；越冬地主要在长江中下游流域诸省水域及上海崇明岛和东南沿海诸岛、滩涂。小天鹅食性同大天鹅，栖息于多芦苇和水草的湖泊、水库、沼泽、滩涂等水域，常结群活动，性活泼而机警，觅食时常派一对天鹅先行在空中盘旋，稍有惊扰便转换别处取食，从不与其他水禽混群活动。小天鹅每年3月下旬惊蛰后北迁，11月霜降后飞抵越冬地区。现在中国上海崇明岛和鄱阳湖两处越冬种群数量总数基本稳定在万只以上。对小天鹅越冬最大的威胁是湿地面积逐渐缩小、偷猎、毒杀和水生资源枯竭。

疣鼻天鹅

　　疣鼻天鹅体形酷似大天鹅，全长150厘米，全身白色，主要特征是眼前至嘴基部呈黑色三角形，嘴赤红色，雄性前额有一个黑色疣突，雌性无疣突，足具黑色全蹼，是天鹅中最美丽的一种。它们主要分布在中国西北部青海、甘肃、四川、新疆等省（自治区），迁徙经东北、河北、山东等地，越冬在青海湖和

○疣鼻天鹅

长江中下游流域。疣鼻天鹅栖息于水草丰盛的河湾、湖泊、沼泽、滩涂湿地及其附近的草地。性机警，一般成对活动，从不进入密树林中，在水面常把颈弯成"S"形，并拱起蓬松的翅膀，发情期常发出一种特殊的低沉沙哑声，故又被称为"哑天鹅"。以水生植物的嫩茎、叶、果实、藻类等为食，兼食鱼、虾、蟹、软体动物和水生昆虫等。疣鼻天鹅是一种数量极稀少的珍禽，中国野生种群数量估计不足3000只。

小知识

候鸟春来秋去，从哪儿来？到哪儿去？来年归否？自古以来一直是人们感兴趣的自然之谜。相传2000年前，吴国宫女为了知道窗前的家燕明年是否再回旧巢，就把红线绑在燕子的腿上，作为标记，来获得燕子迁徙的确切消息。现在，人们不再用这种原始的方法，而是用鸟环对候鸟进行个体标记，就好比给鸟佩戴身份证，这叫做环志。环志是研究鸟类生活史、种群动态和鸟类运动的一个好方法。因为鸟环上的编码是独一无二的，所以在异地发现鸟环就可以准确提供该环志鸟的迁徙路线、往来去处和时间、中途停息地、寿命长短等众多信息。如它们在哪里繁殖，在哪里换羽，在哪里越冬，走哪条路线，需要多长时间等等。这项工作对保护和合理利用鸟类资源，对科研、国防、植物保护和疾病防治等都具有十分重要的意义。

雍容华贵的仙鹤

　　根据大陆漂移学说和古气候的资料分析，鹤类大约出现在7000万年前，正值地球第二次大冰期后的间冰期，气候温湿，地球上具有适于鹤类栖息的广泛环境。受第四纪冰期和喜马拉雅山运动的影响，有些鹤类绝灭了。原始的多种冠鹤只有两种在赤道附近的非洲幸存下来，然而，这种变化却成为产生新的鹤种的强大动力，如黑颈鹤就是为了适应青藏高原的隆起而形成的最年轻的鹤种。

　　世界现存鹤15种：灰冕鹤、黑冕鹤、蓑羽鹤、蓝鹤、肉垂鹤、灰鹤、黑颈鹤、白头鹤、丹顶鹤、白枕鹤、白鹤、赤颈鹤、澳洲鹤、美洲鹤和沙丘鹤。鹤的羽毛颜色多为淡雅的蓝灰、灰、白灰、黑、白等色。鹤类每年春季发情交配，一窝卵2～4枚，孵化期为28～31天。由于过度捕捉和栖息地缩小，有7种鹤属于濒危珍稀种类，这7种是：黑颈鹤、白头鹤、丹顶鹤、美洲鹤、白枕鹤、白鹤和肉垂鹤。

最大的和最小的鹤

　　赤颈鹤是鹤类也是飞禽中最高大的一种,高达160厘米,长150厘米以上,体重12千克,性凶悍,雌雄形影相依。

　　澳洲鹤和肉垂鹤体形仅次于赤颈鹤,高132～155厘米,长约100厘米,站立时犹如雕像。

　　蓑羽鹤是体形最小的鹤种,长仅80～85厘米,体形娇小,秀丽,性温顺,又称为"闺秀鹤",鹤头两侧有明显的白色羽披穗,长8.5厘米,显得飘逸秀美。

○赤颈鹤

独特的鹤舞

　　鹤舞的主要动作有伸腰、摇头、弯腰、跳跃、跳踢、展翅行走、屈背、鞠躬、衔物等等。上面这些动作的目的各异,如:鞠躬一般表示屈服或愤怒;全身绷紧的低头敬礼,表示自身的存在,有炫耀、恐吓之意;弯腰和展翅则表示怡然自得,闲适消遣;亮翅有时表示欢快。

○黑颈鹤

　　鹤舞的动因和意义，似乎还是一个使人迷惑的问题。但可以认定的是繁殖期雌雄和谐的对舞，具有性动因和鲜明的爱情主题；给饵前的舞蹈，有求食动因和期待感、欢乐感；非繁殖期成年雄鹤在娴静的雌鹤前所展现的舞姿，想来较多的只是游戏、消遣动因。

丹顶鹤

　　丹顶鹤，又名"仙鹤"，体态修长，高1.3米以上，体羽洁白，头饰红冠，形神俊逸，几乎集中了所有鹤类的美好特征。它头顶皮肤裸露，颜色艳红，喉颊和颈大部分呈暗褐色，二、三级飞羽为黑色，站立时像裙子一样垂盖于尾部。丹顶鹤主要分布于亚洲的寒温带，自蒙古东北部至中国东北，俄罗斯东部沿海地区和日本北海道，在中国长江下游各省和朝鲜半岛越冬，中国黑龙江省齐齐哈尔一带被称为"仙鹤之乡"。丹顶鹤栖息于沼泽芦苇湿地，生活环境人烟稀少，其体态透逸，性情幽娴，举止温雅而有节，又很似一个潇洒飘逸、超凡脱俗的人。

独特的候鸟

　　鹤类为了生存，不断改变自己，以适应新的环境。为了寻求适宜栖息繁衍的新环境，鹤逐步演化成了迁飞的候鸟，其体态、骨骼、羽毛也愈加变得适于远翔。鹤类为杂食性大型涉禽，要求浅水湿地的生态

○丹顶鹤

环境，它的腿长、颈长、喙尖，便于涉水捕食鱼类以及采食植物根、茎、种子。

　　鹤类的骨骼外坚内空，强度是人骨的7倍。它们生有强有力的羽翼，翅如车轮，大而有力，体内有空隙，比重小，加以迁飞时排成巧妙的楔形队列，后面的鹤利用前边的鹤扇翅产生的气流，而能作快速省力且持久的飞行，时速达40千米以上，飞行高度有时超过5400多米，故能远飞数千千米。鹤飞行时头颈足伸直，且飞且鸣，声传数千米之遥。鹤在高空飞行时，头颈和两脚都是伸直的，前后相称，飘飘然极其优雅、挺秀。

　　人造卫星曾跟踪两只灰鹤，从印度克拉德奥国家公园的越冬地，长途飞行，到达西伯利亚南部的鄂木斯克繁殖地，两只鹤共迁飞30天，中途休息20天，飞行距离长达5400多千米。

鹤的鸣叫

　　鹤的鸣声嘹亮、高亢而略带悲凉，可直入云霄。鹤高亢洪亮的鸣叫声与其特殊的发音器官有关。鹤类中按其气管的长短来看可分为短、稍长和长三类。灰冕鹤和黑冕鹤的气管短直，无卷曲，藏在胸骨内；蓑羽鹤、蓝鹤、肉垂鹤和

○黑颈鹤

○白鹤亮翅

白鹤的气管稍长，具有一个卷曲，这四种鹤比较起来，两种蓑羽鹤的气管要比另两种长些。美洲鹤、沙丘鹤、灰鹤、白枕鹤、丹顶鹤、白头鹤、黑颈鹤、赤颈鹤和澳洲鹤的气管最长，除两种冕鹤外，其他鹤的气管长约1米多，是人类气管长度的五六倍，宛如一柄弯曲的长号，在胸脊的龙骨突内盘旋，引颈鸣叫发声时能引起强烈的共鸣，难怪声音能传3～5千米之远。

鹤的鸣叫声，因性别、年龄、条件的不同有很大差异。繁殖期的雌雄鹤对鸣，雄鹤头朝天，双翅频频振动，在一个节拍里发出一个高昂悠长的单音，雌鹤头也抬向天空，但不振翅，在一个节拍里发出两三个短促尖细的复音，这种"二重唱"是对企图入侵者的警告，或对爱的表白，能促使雌雄性行为的同步，保证繁殖的成功。小鹤的鸣叫主要有索取食物、保持联系和使劲鸣叫三种，变声后有保卫领地和无目的鸣叫，两岁后有齐鸣，有交配前的鸣叫。鹤类还有召唤起飞、营巢和报警的急促鸣叫，表示情投意合、自我表现和显示悠闲自在的小声咕咕叫。

鹤的性成熟期为3～6岁，成年无配偶的鹤只在异窝不相识的鹤中择偶。择偶的重要条件是双方情投意合，雌鹤受雄鹤歌声的诱惑来到雄鹤领地，双双漫步，对视，接着对歌对舞，进行求偶仪式。这种习性避免了近亲繁殖，是保持种群优势的必要条件。难怪鹤在人工饲养时很难配对成功。

○贵州草海的黑颈鹤群

小知识

　　鸟类的骨骼在长期的演化过程中，逐渐与其独特的飞翔功能相适应，鸟类骨骼结构有与其他脊椎动物不同的特点。首先，骨骼轻，骨壁薄，长骨内还有许多气囊；其次，鸟类骨骼的愈合和变形现象明显，躯干椎骨的广泛愈合及尾椎的退化，使得整个躯体成为一个坚实稳定的整体，同时重心向中下部移动。椎骨的愈合，减少了可动关节的数目，对维持飞翔中的平衡十分重要。前肢骨的愈合和变形，产生了翅的结构，后肢骨的愈合和变形，有利于站立、起飞、着陆时所需的强大肌群稳固的附着。鸟类骨骼既轻便又坚固，是大自然造就的最佳自然飞行器。

聪明绝顶的智兽
——黑猩猩

黑猩猩生活在非洲近20个国家中，分布在非洲北纬14度至南纬10度之间的广阔地域，栖息于炎热、潮湿、地势不高的热带草原、草原与森林交界的稀树草原及半落叶的树林中。黑猩猩皮肤浅灰褐色至黑色，除脸部外，全身长着黑色的毛，毛质粗短，胸腹部毛稀疏，颈部和肩臂毛略长。猩猩有较高的眉骨，小而窄平的鼻子，嘴唇突出，长而薄，深陷的两眼透着明亮、调皮的灵光，最显著的特点是在略圆的头部长着两只无毛的招风大耳。

集体生活

黑猩猩一般集小群生活，几雄多雌，每群30~40只左右，在相对稳定的地域活动。严格地说，群体主要由数只母猩猩和它们的孩子们组成，母仔之间、兄弟姐妹之间一生都保持着密切的联系。而成年雄猩猩（父辈），除婚配时段外，它们大部分时间离群，或单独行动，或组成三五只的小群活动，主要任务是负责保护领地安全，认真地在领地内巡逻，阻止其他群体中的雄性侵入，攻击、驱逐别的兽类。

成年母猩猩是育儿教子的模范，它们在育儿过程中，体现了人类似的母爱。幼猩猩出生后几年内完全依赖母亲的照料，逐渐学会行走、攀爬、寻觅食物和简单使用工具等必需的生活本领。母猩猩整天背着或抱着幼仔四处游逛觅食，尤其是在它出生后的头5个月内，母猩猩绝不允许其他动物接触幼仔，除非是幼仔的亲"哥哥""姐姐"可以亲昵偎抱。母亲的溺爱和兄弟姐妹的呵护，形成了黑猩猩家庭深厚的亲情，和睦而温馨。

黑猩猩有着与人类一样的喜怒哀乐。英国动物学家珍妮·古道尔博士，就见到过黑猩猩母丧子亡的悲情一幕。有一只叫"弗林特"的幼猩猩，出生6个月时，母猩猩得了重病，"弗林特"整日依偎着母亲。后来母猩猩死了，"弗林特"悲痛地抱着母亲，不相信这是事实。此后，活泼可爱的"弗林特"整天垂头丧气，拒绝进食，孤独地不与别的猩猩交往。它的姐姐十分关切地陪伴它，安慰它，喂它食物，但丧母之痛击碎了"弗林特"生活的希望。在它母亲死后三个星期，小"弗林特"也悲哀地死去了。这样的眷恋殉情在动物界是十分罕见的。

○黑猩猩幼仔

聪明仅次于人

黑猩猩是一种杂食性动物，除了吃野果、野草、嫩芽、嫩叶、谷物等素食外，也吃昆虫、鸟类、鸟蛋，还经常捕食蜥蜴、小羚羊、小非洲野猪、小猴类等等，一般捕食的小动物体重不超过9千克。黑猩猩很善于动脑，聪明智慧仅次于人类。它们酷爱吃白蚁，一旦发现蚁洞很小，手指无法伸入，便找来一根小树枝，用手和牙齿除去细枝和叶子，插进蚁穴钓白蚁。如连续使用小树枝发生变形了，它们会把树枝掉转头，继续使用，往复插进取出几

○成年黑猩猩

百次，直到吃舒服了才离去。遇到坚硬的果实，它们会双手紧握又粗又直的树枝，在地面上砸碎果壳，或用锤子状的石块砸碎果壳，来取食果仁。黑猩猩不仅能用工具取食，还能发挥工具的多种作用，它们会用树叶当抹布擦去身上的血、污、泥浆、黏状物，母猩猩会用一把树叶擦净幼仔身上的便溺物；还会将树叶咀嚼烂后，吐出来当做"海绵"，从树洞中吸取积水，然后再取出来吮吸水分。在捕食较大猎物时，它们常采取集体行动，相互协作围捕羚羊、小猴和野猪等，获得的猎物撕碎后，由众猩猩分享。这是黑猩猩社会性协作"生产"行为的体现。

据科学家观察统计，黑猩猩食果量占56％～70％，食叶量占18％，其他食物占11％～23％。黑猩猩天资聪颖，能很"专业"地使用药用植物，如用菊科和天南星科等植物的叶子，自我治疗痢疾、疟疾、肠胃不适及各种寄生虫等病症，调理身体的不适。

黑猩猩是白天活动，半树栖的灵长类动物，它们白天多在地面活动，运动时用前肢手指指骨背着地，后肢则以足掌着地行走，人们称这种方式为"指撑型"，是"臂荡型"的变化型。它们激动时还能立起身体跑跳几步。黑猩猩夜间上树歇息，通常在距地面约5米高的树上，用枝叶搭成简易的床铺睡觉，并且每天都搭一个新床。

平时相互理毛，是黑猩猩最重要的社会行为之一，这种安详的理毛行为使

群体成员间获得充分的和谐和安抚。它们经常在一起喧嚣吼叫，摇树、拍地、跳跃，尽情地发泄。它们的体态语言、声音的交流和面部表情的变换十分丰富，是最接近人的动物。经过人们的驯养，黑猩猩会表达诸如"知恩图报"的感谢，"打抱不平"的反对，"忍辱负重"的敷衍了事，"自私自利"的欺骗等情感行为，能简单地学人的话，模仿人们的动作，具有调整自己适应人类环境的能力。

据科学家测定，人类和黑猩猩是在大约800万～700万年前，由共同的祖先分化出来的。人类与黑猩猩DNA分子结构的差异最小，仅为1.9％，其次是人类和大猩猩DNA分子结构的差异，为2.1％。黑猩猩的脑重占体重的

○黑猩猩

0.7％，仅次于人（2.1％）和海豚（1.7％）。而大猩猩与黑猩猩的DNA分子结构差异却为2.4％，说明人与黑猩猩的亲缘关系更近些。很多科学家用证据证明，令人类束手无策的艾滋病病毒，来自于西非黑猩猩，当地人们为获得食物而捕食黑猩猩，使病毒进入人体，从而蔓延全世界。但是令人不解的是黑猩猩携带这种艾滋病病毒可能已有几十万年的历史，它们并未因此而得病，所以研究清楚黑猩猩体内对这种艾滋病病毒的免疫功能，对人类预防和治疗艾滋病具有非常重要的意义。

小知识

黑猩猩有3个亚种，西非黑猩猩（人们常见的黑猩猩），面色深暗，眼部有蝶状面斑；东非黑猩猩，毛发较长，面色较白，随年龄增长会出现黑斑；中非黑猩猩（又名侏黑猩猩）是1929年才发现的稀有种，身体各部分较黑猩猩短小细瘦，面色浅白，有雀斑，头颅较圆，嘴唇发红。

东方宝石
——朱鹮

　　朱鹮是亚洲特有的珍禽，仅在中国、朝鲜、日本及俄罗斯有分布，被世人誉为鸟类的"东方宝石"，也是目前世界上最稀少的鸟类之一。目前只有一个野生种群，仅分布在中国陕西省洋县及其邻近地区，总数量仅400余只。20世纪初朱鹮曾经广泛分布在东亚地区，20世纪60年代在中国失去踪迹，1980年仅有日本孑遗5只。朱鹮如此迅速消逝的根本原因，是其生态环境遭到严重破坏：人类砍伐林木、滥施化肥和农药、开展大规模生产活动、肆意捕杀……由此看来，朱鹮最大的敌人不是鹰隼，而是人类。朱鹮真的绝迹了吗？

发现了失踪二十多年的朱鹮

　　所幸的是中国政府对朱鹮的拯救工作非常重视，自1978年开始中国科学院的朱鹮专题考察队历时三年，穿越十余个省(自治区)，行程数万里，终于在陕西洋县发现了失踪二十多年的朱鹮。中国发现"2窝7只朱鹮"的消息轰动了世界。没想到"朱鹮之家"竟在清朝末年的坟茔地周围所植的高大栓皮栎上(树高30余米，巢距地面20余米)。这倒要感谢先人了，别处成材林木几乎被砍伐

殆尽，独有这里数十株逃过厄运而亭亭玉立，为朱鹮提供了庇护所。这里的乡民质朴敦厚，与朱鹮和睦相处，春耕时常见耕牛农夫前行，数米后朱鹮在翻起的泥土中寻觅食物；稻田中很少有农药、化肥，朱鹮涉行其间，悠然进食。既有无干扰的栖息地，又有较充裕的食物，难怪这里成为朱鹮的乐土。

○简陋的巢

○野生朱鹮

不解之缘

洋县朱鹮保护站的工作人员对这些国之瑰宝倍加呵护，他们久居深山，昼夜看守、观察；往返数十里运送朱鹮喜食的泥鳅、黄鳝；跟踪上千里寻觅朱鹮的季节性迁徙。久而久之他们与朱鹮结下了不解之缘，朱鹮对他们也情有独钟，常尾随其后索要食物，还允许观察人员近达数米为它们拍摄"全家福"。　洋县朱鹮保护站鼎力监护野外种群，为雏鸟环志，利用无线电装置跟踪群体迁徙，大力宣传、加强保护意识。功夫不负有心人，野生的朱鹮不仅数量增加，而且巢区也由深山逐步扩展到周边县城附近。他们的人工养殖也由初期捡卵孵化、人工哺育雏鸟，到建立起正规的卓有成效的人工饲养繁殖基地。由于得天独厚的地理环境、种鸟补给和饲料来源丰富，人工繁殖群发展迅速，前景喜人。

人工饲养繁殖喜获成功

保护好朱鹮的生态环境仅仅是第一步，迁地保护是挽救濒危物种的另一举措。为此，20世纪80年代末期在北京动物园和洋县城郊相继建立了朱鹮人工饲养繁殖基地，北京动物园的科技人员深入研究朱鹮的繁殖生物学，模拟野外生存环境，调整饲料配方，采用自然、人工孵化相结合的方法，终于在1989年取得历史性突破，第一只人工饲养下的朱鹮破壳而出。其后的7年中共繁殖朱鹮雏鸟14只，成活9只，连同亲鸟一起形成了一个人工饲养下较稳定的繁殖群，这一创纪录研究成果被授予国家发明二等奖。经过近20年的艰苦奋战，终于使朱鹮——这个行将从地球上永远消失的珍稀物种，在北京动物园安家落户，并形成20余只的种群，朱鹮的家族重新兴旺起来了！

为建立更多的野生种群而努力

朱鹮属于中型涉禽，乡亲们称其为美人鸟。通体白色，两翼和尾部渲染粉红色，头后长着细长的柳叶形矛状羽冠，嘴长而下弯，头顶和面部朱红色，腿绯红色。它们体态娟秀优雅，羽毛华丽而不俗，气质温柔娴静。在青山绿水之间，它们或以优美的姿态翱翔，或以优雅的姿态伫立，给人诗一般美的享受。它们与鹤类和鹭类一样，经常站在水田、稻田、沼泽、河滩及山区溪流附近的浅水区活动，用长喙（嘴）在泥中觅食。朱鹮最爱吃泥鳅，亦吃黄鳝、蛙类、田螺、河虾、河蟹、蚯蚓等水生动物，也吃蚂蚱、蟋蟀等昆虫。

洋县位于汉江盆地，海拔500米左右，以生产稻谷为主。汉江盆地南邻巴山，北依秦岭，气候湿润，雨量充沛，无数条溪水汇成一条汉江，自西向东流淌于盆地之中。这里是野生动物的乐园，不仅种类繁多，且有很多闻名世界的动物，如大熊猫、金丝猴、羚牛、长尾雉、大鲵，也曾经是朱鹮的主要分布区。目前朱鹮已有了较稳定的繁殖区和活动觅食游荡区，每年6～11月，它们以家族形式集结，沿河道向20～30千米外的游荡区迁移。白天分小群活动觅食，傍晚陆续飞回几处固定的高大青冈树上夜宿，最大的夜宿群体达百只以上。

在国人的关注、努力下，朱鹮已由最初寻获的2窝7只增殖到400多只，取得了举世瞩目的成绩。由于朱鹮脆弱的孤立野生种群，在狭小的分布区域里，难以对抗禽瘟疫、自然灾害、水域污染等突发事件的打击。为使朱鹮彻底摆脱濒危状况，鸟类科学家们正在启动朱鹮再引入工程，即将朱鹮饲养个体在朱鹮原历史分布区释放，开辟建立第二、第三个可以自我维持的、稳定的野生种群，提高朱鹮野生种群应对突发事件时的生存能力。

1981年，几乎是在中国陕西洋县重新发现朱鹮的同时，日本的动物学家经过多次研究后，将新鹮县野外仅存的5只朱鹮全部捕捉，进行人工饲养繁殖。然而由于先天与后天的种种原因，计划未获成功。其后，日方又与中国有关部门联系，以"借种"、"借代"的方式挽留这个被日本视为"国鸟"的朱鹮，可惜没有成功。后来仅存一只33岁高龄、已失去繁殖能力的老年雄性朱鹮。1998年年底，中国国家主席江泽民出访日本，将一对名为"友友"和"洋洋"的朱鹮赠送给日本政府和人民，使以日本国名命名的鸟（Nipponia nippon）在日本重新燃起希望之火。

○朱鹮在水田中觅食

能走、会游泳、不会飞的鸟
——企鹅

○国王企鹅

20世纪初，人类远涉重洋对南极进行考察，常常受到成群结队的企鹅像欢迎贵宾一样的接待。企鹅走起路来摇头晃脑，摆来摆去的，将人群团团围住，好像在以主人的身份迎接陌生的客人。企鹅的分布仅限在南极周边的区域，称其为"南极居民"恰如其分。

企鹅是十分奇特的动物，终身生活在寒水冰雪之中，能耐零下88.3℃的严寒。它们浑身长着又密又厚的鳞片状羽毛，能防止体内热量的散失，皮下积蓄着肥厚的脂肪，以抗拒严寒。它们体色黑白分明，前胸腹白色，头、背部黑色或深蓝色，宛如英国绅士穿着一套高级料子的燕尾礼服。企鹅平时常呈直立状站在陆地上，昂头望向远方，像伫立企盼等待的样子，故而被称作"企鹅"。

水下飞行器、雪上飞毛腿

○洪氏环企鹅

企鹅是能走、能游泳、不能飞翔的而特化了的海鸟。双翅演化为短小扁平似船桨那样的鳍状翅，骨内充满的是富含脂肪的骨髓，不是空气，所以不能离地飞行，两只脚着生在体后尾部，短而粗壮，趾间具蹼，适应水中生活。全世界共有企鹅18种，皇帝企鹅是最大的，直立时高达1.2米，体重约35～45千克，一枚蛋重500克。当然最小的企鹅只有一只鸭子大小。

企鹅特化的身体结构，使它们在陆地上显得行动笨拙，但一旦进入海洋便成了"游泳能手"。企鹅在水中每秒钟能游10米，时速可达36千米，能轻而易举地追上一般的潜水艇，最快的时速可达48千米。遇紧急情况时，可垂直跃出水面1～2米，人们称企鹅为"水下飞行器"。

平时企鹅在岩石上跳跃行走，时而用嘴巴和鳍肢在岩石上爬行。当遇到危险和敌害时，企鹅立即俯身躺倒在雪上或冰上，用后足和鳍肢快速推撑地面，前肢似划桨，后肢似活塞推进，雪面滑行时速达到30千米，冰面滑得更快，所以人们称企鹅是"滑雪能手"和"滑冰健将"。

○巴布亚企鹅
（绅士企鹅）

○皇帝企鹅

生儿育女历尽艰辛

每年的五六月间是企鹅的繁殖季节，它们会准时集结成千上万只的大群，离开觅食的海洋，向银白色的古老南极繁殖区迁徙。人类无法理解的是：南极地理条件极为特殊，黑夜白昼各半年，宽阔汹涌浩瀚的大海，一望无际的茫茫雪海，无任何突出的可辨识的地貌标志，而企鹅不能飞行，全靠在水中游进和地面爬行，是如何准确返回原繁殖区的。生物学家经过多年的观测研究发现，企鹅具有极高超的定向、定位、定时的生物钟机制。它们在人类无法想象的恶劣环境条件下准确地返回原繁殖地，每年几乎是同一时间返回巢区，而且雌企鹅能准确地计算出幼企鹅的出生时间，及时从大海返回喂食。在人类认为无法辨识的相同模样的幼仔中，通过气味和鸣叫，它们可以准确无误地找到自己的亲生"儿女"。

企鹅除繁殖期成双成对生活外，平时都是各奔东西，当大群企鹅返回繁殖

○绅士企鹅一家

区后，通常是雄企鹅率先回到目的地，雌企鹅历尽艰辛，通过叫声、气味和动作，找到原配偶，交配后，雌企鹅通常产2枚蛋。在企鹅群的高声鸣叫、欢唱祝贺声中，疲惫的雌企鹅们将蛋交给雄企鹅孵化后，返回大海为未出世的小企鹅觅食。

此时责任心极强的雄企鹅们将蛋放在有厚蹼的足上，用松软的腹部皮肤皱褶覆盖包裹起来，用自己的体温来孵蛋。为了后代的降生，雄企鹅们要在狂

风呼啸、冰雪连天的严寒里伫立60多个日日夜夜，这期间它们完全不进食，全靠消耗脂肪维持（最长的绝食记录为4个月）。当刚出世的小企鹅要吃东西时，雌企鹅会准时满载而归，承担饲喂小企鹅的重任。此时的雄企鹅已饿得筋疲力尽，体重减少达40％左右。此后企鹅夫妻轮换觅食喂幼企鹅达半年之久，小企鹅才能独立生活。尽管企鹅父母为子女付出了极大的代价，尽心尽力地喂养和保护幼企鹅，但真正能够活下来的小企鹅大约只有四分之一。

科学家用了10年以上的时间，对企鹅的同一个繁殖地进行了973次观察，并将研究的企鹅做了标志。结果令科学家惊讶不已，其中82％的企鹅还是在同一地繁殖，并是原配偶，有一对在一起交配繁殖达11年之久。每年的10月，南极的春天开始了。企鹅分批返回原繁殖地，一对对企鹅夫妻重逢，共同搭建爱巢。当然也有的雌企鹅因夫君另觅新欢而怒不可遏，为捍卫自己的地位，两只雌企鹅展开激烈的争吵、撕啄，直至一只雌企鹅被赶走，原配夫妇破镜重圆，左邻右舍上来祝贺。企鹅家庭实行"一夫一妻"制，在动物界是十分罕见的。

色彩斑驳、凶猛无敌的猛兽——豹

　　豹属于猫科动物，豹属，全世界共有7种。豹是食肉动物中地域分布最广泛的动物之一。从南半球的热带雨林到北半球的冰天雪地，都有豹的足迹。

金钱豹

○金钱豹

　　广泛分布于我国的金钱豹，外形似虎，小于虎，体重60～100千克，尾长1米。一般生活在低海拔的茂密森林、山谷、平地、丛林和荒漠地带。性孤，独栖，夜行性。白天在树丛、草丛或岩石间休息，夜间或凌晨、傍晚出没。它们夜间行动十分诡秘，高速奔跑时悄然无声，时速可达60千米以上，跳越达6米远，垂直跳高可达3米以上。金钱豹善攀树，游泳，视觉、听觉、嗅觉俱佳，性机警、迅猛、胆大。它们不但袭击像骆驼、马鹿那样的大型食草动物，能攻击体型较大的雄鹿和凶猛的野猪等，连比它大得多的老虎也敢主动攻击，敢于和虎同栖一

○金钱豹华南亚种——华南豹

○金钱豹的黑色变种——黑豹

个领域。金钱豹捕猎时突然袭击目标，咬住猎物颈部，待其死后拖到隐蔽处吃掉。它们主要猎食中小型有蹄类动物，有时攻击猴类及家畜。由雌豹单独抚育幼仔，孕期90～105天，每胎1～3仔，约3岁性成熟，寿命20～30年。由于人类的滥捕猎杀及生态环境的破坏，金钱豹数量已急剧减少。

云　豹

　　云豹生活在热带茂密的丛林中，深灰色纹斑呈不规则云状，花纹之间呈土黄色，通体呈暗色调。这种毛色的变化，是动物对环境长期适应、进化和遗传选择的结果。它们的斑纹毛色与周围环境的自然协调，起到了良好的保护和隐蔽作用。云豹是典型的林栖动物，性孤独，夜行性，白天在树上睡大觉。它利用粗长的尾巴保持身体的平衡，利用通体暗淡色的云状花纹伪装，伏在树枝上守候猎物，待猎物临近时，突然扑下袭击猎物，百发百中。云豹以捕食小型哺乳动物为食。由于天然森林资源的严重破坏，偷猎者对豹骨和华丽皮毛的追求而肆意猎杀，云豹野外种群数量已急剧减少，分布区北缘的云豹已濒临灭绝。

○云豹

雪 豹

　　雪豹是猫科动物中最美丽的，体形似金钱豹，全身灰白色，是世界上极少见的高山食肉动物，分布在中国西藏、四川、内蒙古等西北诸省区。雪豹栖息在海拔2000～5000米的陡峻山区，常在雪线附近活动，一年四季会因追逐猎物而进行垂直迁移。雪豹多单独活动，昼伏夜出，晨昏猎食，性凶猛、机警、敏捷，平常沿固定路线活动，经常在山脊或溪谷崖下猎物活动的路线上等待，突然伏击捕食。它们无固定洞穴，每日都换新的休息地点，仅母兽在哺育期间有固定的天然洞穴。食物包括山羊、绵羊、鹿、野猪、旱獭、鼠、兔等，有时也攻击家畜。多在2～3岁发情交配，孕期90～103天，每胎产2～4仔，寿命约20年。雪豹有规律的活动习性，使它们极易陷入偷猎者的陷阱，人类的滥捕乱猎致其食物匮乏，饥饿的雪豹攻击家畜又与牧民冲突加剧，更加剧其数量锐减，很多原分布区已难觅其踪迹。

○雪豹

美洲豹

　　美洲豹是美洲最大的猫科动物。美洲豹与金钱豹的主要区别是：美洲豹头粗大，体壮，肌肉丰满，毛黄色，全身布满黑色斑纹和斑点，其形状几乎与金钱豹相同，但美洲豹身上的黑色斑环稍大一些，环纹中间有1～2个以上的黑色斑点，这与金钱豹有显著差别。美洲豹分布于从美国南部和西南部到南美洲的阿根廷的广泛区域，栖息于密林、草丛、荒原、沼泽或沙漠的边缘，多单独行动，夜行性，白天常隐匿于稠密的树干上，黄昏或夜晚出来觅食。它们生性凶猛残暴，动作灵活，嗅觉、听觉较敏锐，善游泳，能爬树，活动区域相当大，达到50～500平方千米，视猎物多寡而定。美洲豹主要猎物为野猪、水豚、鹿、貘、猴类等，也吃鳄类、鱼类、鸟类等，有时也攻击家畜。美洲豹毛色鲜艳，花纹美丽，是动物园中很受欢迎的猛兽。

小知识

　　全世界共有7种豹，它们的毛色、花纹、花斑各不相同。生活在山地疏林中的金钱豹、美洲豹黑色花斑呈圆形，中心毛浅黄色，通体毛色较明快；而生活在热带茂密丛林中的云豹，深灰色纹斑呈不规则云状，花纹之间呈土黄色，通体呈暗色调。这种毛色的变化，是动物对环境长期适应、进化和遗传选择的结果。

奇妙的
"蚂蚁王国"

蚂蚁是蚁科昆虫的统称。它们已在地球上生活了1亿多年，无处不在地繁衍生息，无声无息地构成了一个奇妙的昆虫世界，总数已超过1万种。它们有组织，有分工，有种族，有"军队"，甚至有"国家"，是典型的社会型昆虫。

团结协作的典范

蚂蚁的生存之道令人类叹为观止，它们以集群结队而行、团结协作、分工奇特和行为多样等种种方式来适应环境。在各种生态系统中蚂蚁充当"清道夫"、"播种机"、"捕猎者"、"挖土机"、"护林员"和"运输队"等角色，根据它们各种具体的生活行为，可称为"筑巢蚁"、"狩猎蚁"、"奴役蚁"、"畜牧蚁"、"劫掠蚁"、"农耕蚁"、"蜜桶蚁"等，组成了"蚂蚁王国"的特种部队。

蚂蚁家庭成员中有蚁王、蚁后和工蚁之分，蚁王和蚁后体形又胖又大，长着完整的翅膀，专门繁殖后代；工蚁是不育的雌体，翅膀已退化，终生勤奋耐劳，担负保卫蚁穴、觅食运粮、管理蚁穴、哺育幼蚁等工作。一只工蚁找到食物，会急忙赶回蚁巢，并一路留下气味。蚂蚁的触角至少可以传递6种以上不同性质的信息：表示食物方向；指示前进方向；警告某处发生危险事件；表示进攻或收兵的动作；发出全体出勤的动员令；表示镇抚骚扰之意等。当遇到其他工蚁时，用触角碰一下对方的触角，传递信息给同伴，得到信息的工蚁们会沿着它留下的气味而顺利找到食物，无数的蚂蚁就是这样聚集起来的。

勤劳的化身

在春末夏初，特别是下过一场雨后，地面上常能见到一小堆、一小堆的小土丘，那是蚂蚁们在清理它们的房间呢。多数种类的蚂蚁都在土中作巢，它们群体生活，内部有比较严密的等级制度。蚁群在领导蚁的率领下，建筑规模宏伟的地下巢穴，有的极为简单，仅有1个出口；有的极为复杂庞大，曲折迂回的隧道四通八达，面积之广，入地之深，都十分惊人。有的深可达地下6米多，上下分层，逐层筑室。天生勤奋的蚂蚁终生筑巢挖掘泥土，据查证每年约有80亿吨泥土因此被翻动，这无疑给植物的生长带来了极大的益处。然而松土的效果要是在防洪堤坝上产生作用的话，就会带给人类巨大的灾难。蚂蚁虽小，却能依靠群体的力量做出惊天的大事，令人类不能对其小视。

好战的大力士

蚂蚁被称为大力士，并不是徒有虚名。据力学家测定，一只蚂蚁能举起超过自身体重400倍的东西，还能拖运超过其自身体重1700倍的物体。蚂蚁是团体精神的典范，又天性好斗，是动物世界中最爱寻衅和最好战的物种。为了争得地盘和食物，它们不仅在种与种之间厮杀不断，就是种内出现不协调，也常出现同室操戈而自相残杀的场面，不过这是为了维护蚁群群体的相对稳定。

蚁群为了获取食物，会不惜牺牲群体攻击体重超过自己几十倍、几百倍甚至几千倍的猎物。有的兵蚁用大颚厮杀，有的毒蚁用口内或尾刺上的毒液进行攻击。杀死猎物后，千万只蚂蚁共同举起或拖拉着庞然大物，运回巢穴，但战场上却遗留下无数伙伴的残骸。然而小小的蚂蚁毕竟只有几毫克重，再神力无比，也不能与一棵大树相抗衡。不过有的专门在树木上筑巢生活的蚁类，可将参天巨树内部掏蛀得千疮百孔，遇到狂风雷雨，大树便会折断倒地，如此说来，"蚍蜉撼树"也并非全无道理。

以邻为伴

蚂蚁以植物花蕾为蜜源，但它们绝少自行吸取，而善于和许多产蜜昆虫（如蚜虫、介壳虫、小灰蝶幼虫、白蜡虫）睦邻相处，获取昆虫的劳动果实，占为己有。如菜蚜虫吸食植物汁液，能制造甘露状蜜滴，从其腹部背侧的两根长管中分泌出来。蚂蚁用触角友好地抚摸蚜虫蜜管，蚜虫便吝啬地挤出一滴蜜。这种现象就像一个牧民在挤牛奶，人们称蚜虫为"蚁牛"。蚂蚁尽心周到地保护和养育蚜虫，在叶片上将蚜虫搬来搬去，使之能更多地吸取植物汁液；将蚜虫藏入自己的巢内，帮助蚜虫抵御草蜻蛉、食蚜蝇、瓢虫的攻击；随气候、季节、冷暖变化事先防范，夏季用泥粒堆筑圆顶凉棚，让受不住烈日暴晒的蚜虫度夏避暑，冬季将蚜虫搬进蚂蚁地下的巢中越冬，翌年春又搬回植物叶上"放牧"。蚁类与产蜜的昆虫狼狈为奸，严重损害了经济植物。人们在消灭蚂蚁的同时，不得不叹服蚂蚁"放牧"培殖蚜虫，蓄养蜜源"奴隶"的奇异本

领。当然蚂蚁也有对人类有益的种类，中国有一种惊蚁专门捕杀柑橘树上的介壳虫和蛀干害虫。蚂蚁对湿度感觉极灵敏，大雨前24～28小时，即知乔迁新居，防范水灾，是活的晴雨计。

小 知 识

蚂蚁喜食甜、腥、膻味的东西。专食蚂蚁的穿山甲利用这个特点，找到蚁穴后，会装死躺在地上，张开鳞片，发出浓烈的腥膻味，引诱蚁群爬到它身上，钻进鳞片中。这时穿山甲会突然合拢鳞片，将无数蚂蚁关在内，然后卧入水中，张开鳞片，蚁群浮上水面，穿山甲则可伸出长舌头，将浮在水面上的蚂蚁舔食干净。

重归故里的麋鹿

麋鹿为大型鹿科动物，是中国的特有物种。因其头似马，颈似驼，角似鹿，蹄似牛，尾似驴……俗称"四不像"。体长170～190厘米，肩高110～120厘米，体重180～220千克。雌鹿体小无角，雄鹿角形状特殊，无眉叉，主干离头一段后分前后两枝，前枝再分两叉，后枝长而直，每叉又分一些小叉。麋鹿尾长60厘米以上，是鹿科动物中最长的，它们有宽大的蹄，蹄间有皮腱膜，适于在沼泽、草原、雪地、泥泞的湿地活动。麋鹿喜欢浸泡水和泥浴，善游泳，以青草、树叶、水生植物为食。雄鹿鸣叫似驴鸣，发情期凶猛好斗，有时还会伤害雌鹿和幼鹿。

○麋鹿

传奇经历

麋鹿是集曲折身世、历史人文记载、与人类同步自然演化、演绎中国湿地的兴衰等诸多神奇传说于一身的特殊动物。

野生麋鹿在3000多年前曾广泛分布于中国黄河、长江中下游流域。秦汉后逐渐减少，至明末清初已于野外销声匿迹。18世纪时，清朝统治者将北京城南的南海子（现称南苑）辟为皇家狩猎围场，圈养200～300只麋鹿。1865年法国神甫戴维发现了这种奇异的鹿类，他想尽办法，以20两纹银弄到2张麋鹿皮和2个麋鹿头。1866年送到巴黎，经巴黎自然历史博物馆鉴定为前所未有的新鹿种。此后欧洲列强通过明索暗购，陆续将数十只麋鹿运到各国动物园供人观赏。1894年永定河河水泛滥，洪水冲毁皇家猎场围墙，麋鹿部分逃失，大部丧生于饥民之口。1900年八国联军入侵，战乱中南苑麋鹿几乎全部散失，少量被携至欧洲，仅在某王府存养一对，后被送到"万牲园"，1920年中国最后一只

麋鹿死亡。至此，中国特有的麋鹿在中国境内完全灭绝。后来英国的贝福特公爵高价购买散生在欧洲各国的18只麋鹿，以半野生的方式，豢养在他的乌邦寺庄园，成为世界上仅有的麋鹿群。至第二次世界大战后，鹿群已繁殖到255只。现今世界各国饲养的大约3000多只麋鹿，都是它们的后代。

重回故乡

麋鹿"回归大自然"，是人类和大自然协调发展的可能性和必要性的一个重要范例。在中国麋鹿灭绝半个世纪后，伦敦动物学会先后于1956年、1973年、1984年送回12只麋鹿。中国麋鹿成批回归祖国始于20世纪80年代中期。首批22只于1986年由英国乌邦寺运回，放入北京南海子原皇家鹿苑旧址，至1994年繁殖总数达300多只。1993年、1994年将其中两批64只麋鹿迁运至湖北石首天鹅洲。天鹅洲所在的江汉平原是古代被称为云梦泽的地方，公元前500多年的春秋时，楚王室曾在此设置灵囿，畜养麋鹿。这里水质优良，牧草丰盛，有广阔的芦苇沼泽湿地，每年植物生产量达6000多吨，足够1000只麋鹿采食，现已繁殖成640多只的麋鹿自然种群。

欢迎你们回到故乡。

我们现在也算是"海归派"了！

1986年第二批由英国乌邦寺引回的39只麋鹿，放养于江苏大丰县境内总面积117万亩的滩涂湿地自然保护区。这里人迹罕至，气候温和，自然生态环境优美，生活着28种国家一类、二类保护动物。重归故里的麋鹿野化成功，发展迅速，现已繁殖到819只，并建有世界唯一的麋鹿基因库。按原定计划于1998年开始的完全野生放养试验，已于2003年诞生了第一只纯野生麋鹿，创造了轰动世界的动物回归自然的奇迹。目前在纯野生环境条件下生活的麋鹿种群已有52只，麋鹿的野生种群已在其自然故乡中逐步重建和恢复。

经过努力和发展，现在中国的麋鹿散布在30多个地点，总数近2000只，已形成了纯自然野生状态生存的、生气勃勃的野生种群，再无灭绝之忧。

小知识

鹿科动物属于偶蹄目鹿科，均以植物为食。此类动物头部和身体修长，耳大而直立，能转动，听、嗅觉极敏锐，能察觉数百米以外的异情，视觉稍差。四肢细长，矫健，善跳跃和奔跑。种间个体差别很大，最大的驼鹿重达800千克，而最小的鹿科动物不足10千克。多数种类有角而无上犬齿，少数无角种类具有发达的上犬齿，呈獠牙状，可作为武器。鹿科动物在全世界分布极广泛，共有16属52种，中国有8属16种。由于人类对鹿类动物的过度利用，造成了目前野生种群数量的急剧减少。现世界各国已开始对鹿科动物采取禁猎措施，建立有利于鹿科动物繁殖的自然保护区，捕捉幼鹿进行人工驯养，开展科学的淘汰性狩猎，有效地调节自然界鹿科动物野外种群数量，保证鹿科动物野生种群的健康发展。

◎北京南海子麋鹿群

人类的忠实朋友
——水牛

在古代，牛是一种神圣的动物。相传原来世界处于混浊黑暗之中时，由鼠咬破黑暗，才创造了天，称为"天开于子"。牛会犁地，才创造了大地，称为"地辟于丑"。丑即是牛，丑牛仅次于子鼠，十二生肖排行第二，可见子鼠和丑牛都是开天辟地的动物。

最听话、最能吃苦的家养动物

牛亚科属于偶蹄目，牛科。牛亚科动物体形大，体长60～350厘米，尾长18～110厘米，肩高60～280厘米，体重150～1500千克；雌雄均具角，角的截面为圆形或三角形；颈、肩或背部发达的肌肉形成隆起，并由脊椎的背棘支持。牛科全世界共有6个属：亚洲水牛属、非洲水牛属、倭水牛属、牛属、美洲野牛属和牦牛属，共有15种，分布于印度、菲律宾、中国和欧美大陆。牛的栖息环境多样，浓密的森林，开阔的草原，甚至海拔5000～6000米的高寒苔原都有分布。牛喜欢水，常在水中翻滚和浸泡，食物以植物为主。牛的听、嗅觉灵敏，视觉较差，群居生活，雄性好斗。雌牛孕期8～9个月，每胎1仔，幼兽能很快与成兽一起活动。野牛具有极高的经济价值，其中有很多种类已被人类驯化为家畜，可供役用、肉乳用和制革等。

水牛是亚洲水牛、非洲水牛和倭水牛的通称。亚洲水牛约于公元前4000年被人类驯化，作为农耕、驮物、驾车、运输、骑行等的役兽，驯化为役用的水牛是家畜中最温顺听话、最吃苦耐劳、最受人们喜爱的家养动物。

野水牛

亚洲野水牛分布于印度及其邻近国家，体长250～300厘米，肩高150～180厘米，耳郭较短小，头额部狭长，背中线毛前向，背部向后方倾斜，角较细长，毛色黑灰或淡棕黑色。栖息于热带丛林、竹林或芦苇丛中，喜集结成数十头的小群，甚至几百头的大群活动。水牛尤其喜欢游泳，长时间在泥水中翻滚嬉耍，除了纳凉外，还可以防止昆虫的叮咬。亚洲野生水牛在自然环境中已十分罕见。

非洲野水牛生活于非洲热带草原区至荒漠草原区。非洲野水牛一般耳大而下垂，头部短宽，背中线毛向后披，背部平直，角较粗大，全身黑、棕或赤色。因分布地不同，体形大小，角的形状及牛皮的颜色等方面都有差异。平原野水牛的颜色深，体形大，角距宽而且角基特别粗；森林野水牛体形较小，有赤色或棕赤色牛皮，角较小且呈新月形。平原野水牛聚大群活动，夜行性。非洲草原气候

○非洲野水牛与小鸟

恶劣，常出现季节性的干旱，造成水源缺乏，植物生长不良，故非洲野水牛有季节性的逐水、草迁移的习性。它们在水足草丰的草原上常聚集成数百头以上的大群游荡觅食，遇敌侵袭时，除快速逃避外，常以公牛为主，组成利角向外的圆形阵，母幼躲于中间，用集体的力量有效地防止伤害。

低地倭水牛，也称西里伯斯倭水牛，是水牛属中体形最小的种类，肩高约1米左右，雌雄均有角。它们分布在亚洲热带西里伯斯岛，性情孤僻，单独或成对活动，一般在早晨和黄昏活动频繁；性喜水，常在溪水泥潭中长时间浸泡、翻滚；好斗，雄性为争夺雌性常发生激烈搏斗；无固定栖巢，在密林中游荡，以草为食。低地倭水牛在自然界中数量极少，是濒临灭绝的野生动物。

小知识

成语"吴牛喘月"中包含了水牛的习性，古代吴地即现在长江流域中下游一带，水牛是这一地区农耕作业的主要役畜。水牛缺乏汗腺，在高温炎热的夏季，会热得喘作一团。因此在高温炎热天气，水牛经常惧热而犯牛脾气拒绝劳作，见水就卧而不动，极易耽误农时。农民采用"夜作"来解决这一矛盾，在太阳落山后，气温凉爽时役牛耕作。白天烈日当空，让牛在水中纳凉，并喂饱牛肚子，夜间凉爽时，牛便能顺服驾驭，午夜饲喂一次，一直可工作到天明。水牛所畏惧的是高温和烈日暴晒，在凉爽的夜晚工作时，即使见到皎皎明月，也不会消极怠工的。

色彩斑驳的伪装高手
——斑马

　　"每天当我掀开办公室的窗帘，一群色彩斑斓的斑马、鸵鸟、角马、大羚羊等非洲动物就展现在我的眼前。我最关心的是3只新出生的幼斑马，4月21日出生的是哥哥，6月15日、29日出生的是两姐妹，它们总是形影不离地跟随在妈妈的身边。两只相隔15天出生的小家伙几乎分辨不出大小，整天搅在一起嬉戏玩耍，十分活泼可爱。另一只早出生55天的，可没有当哥哥的样，仗着身高体壮，总要调皮地去冲击、追逐分开它们。可能这就是小斑马的嫉妒心吧：你们俩为何这么亲密？不带我玩呢？小姐妹会跑到妈妈那里撒娇告状，斑马妈妈就响响鼻，用头轻轻地抚慰一下它们，像在说：没关系，哥哥逗你们玩呢，要团结友爱。矛盾解除了，小家伙们又欢蹦乱跳地玩起来。多么温馨和谐的场景，我仿佛来到了非洲大草原。"

　　这段文字描写的斑马外形与马相似，是马的近亲，同属于奇蹄目，马科。斑马共有四种，食性都是吃嫩叶和青草，因其身上有保护作用的斑纹而得名。

最早发现的斑马

　　南非的山斑马是体形最小的斑马，由于它是人类最早发现的斑马，又被称为"真斑马"。一般肩高120厘米左右，除腹部外，全身密布较宽的黑白条纹，

黑色多于白色，从腰部到尾基部有若干横的短纹，与大腿的长宽条纹形成对比，以其特殊的黑白条纹特点而区别于其他斑马。它们生活在起伏不平的山岳地带，善于攀登，翻山越岭，履险如平地，很少到平原活动。它们的听觉、嗅觉和视觉都十分灵敏，遇到异常情况，轮流放哨的斑马会立即发出"警报"，迅速集群逃遁。人们喜爱它们那美丽的皮和好吃的肉，无度的滥猎乱捕，使之很快濒临灭绝，现仅有少量保留于南非山区的自然保护区内，是国际动物保护组织明令严加保护的濒危珍贵动物种类。

最大和最美丽的斑马

细纹斑马是斑马中最大和最美丽的一种，肩高140～160厘米，耳大而圆，耳长20厘米，生有长而发达的鬃毛，除腹部白无纹色外，身上布满又细又密又多的黑白相间的条纹，四肢条纹特别细密，脊背上有一条很宽的纵纹。细纹斑马分布在苏丹南部、埃塞俄比亚、肯尼亚北部和索马里等国的半沙漠平原疏林地带。它们常集成10～20只小群活动，每天需要游荡很远距离取食青草，在半干旱的草原上，水源奇缺，长期的适应使它们形成了耐渴的习性。它们常年繁殖，孕期11个月，3～4岁性成熟，寿命约30年。细纹斑马外表十分美丽，观赏

○细纹斑马

价值极高，故滥捕乱猎现象十分严重，目前野生种群数量很少，被列为国际濒危珍稀保护野生动物。

动物园里的斑马

普通斑马是人们在动物园里最常见的一种，肩高120～140厘米，大小介于山斑马和细纹斑马之间。它们生活在埃塞俄比亚南部至安哥拉中部和南非东部的热带疏林草原地带，是非洲特有动物中分布最广、数量最多的一种。它们身上遍布深色条纹，在阳光下显得色彩斑斓，在月光照射下反射的光线各不相同，起到了模糊或分散斑马身体轮廓的作用，远远望去很难将它们与周围的环境区分开来，如同一幅抽象派的绘画，这是它们长期适应生存环境而衍化生成的保护色。斑马身上的条纹还能有效地防御舌蝇的叮咬。舌蝇被斑马身上的黑白条纹搅得眼花缭乱，分辨不出斑马是否存在，而远走高飞。

斑马性情温顺，除了斑纹伪装迷惑外，只有靠警惕性极高的群体来抵御外敌。它们由一些松散的家庭单位，在丰茂的草原上结成数百上千只的大群生活，并与牛羚、旋角大羚羊、角马、瞪羚及鸵鸟等草原动物混合在一起活动，这也是它们共同抵御天敌侵犯的一种有效的自然协作方式。在第二次世界大战期间，人们把斑马的自然保护色原理应用到海军战舰上，成功地模糊了敌人的视线，达到迷惑敌人、克敌制胜的目的。

小知识

斑驴（拟斑马）生活在非洲南部的奥兰治和开普敦平原地区，身长达270厘米，是斑马类中体形较大的一种，鸣叫声似雁鸣，仅头部、肩部和颈部有黑白相间的条纹，腹、腿、脚、尾均为白色，有一条深色背脊线。拟斑马生活在平坦的大草原，极易遭受食肉猛兽和人类的袭击，而这里是人类较早开发的地区，大量的捕杀和生存环境的破坏，导致斑驴于公元1872年在自然环境中灭绝，1883年，最后一只斑驴死于荷兰阿姆斯特丹的一个动物园中。

犀牛不是牛

目前世界上共有白犀牛、黑犀牛、印度犀牛、爪哇犀牛和苏门犀牛5种犀牛。犀牛的模样有点像牛，身躯比牛粗壮庞大得多，与河马不相上下，个子比河马高得多。犀牛四肢粗短，颈部粗大，坚韧的皮肤厚而粗硬，且多皱襞，仿佛古代武士身披的盔甲。犀牛角长在鼻梁的正中线上，由皮肤特化的角质化纤维组成实心角，终生不脱落。犀牛凭借锋利的尖角，坚韧的"盔甲"，千万年来横行于茫茫原野山林中，除人类外，无任何自然敌害。

○印度犀

亚洲最大的独角犀

印度犀是亚洲最大的独角犀，体重达2～3吨，角长50厘米左右，角粗达50厘米以上。它们分布于巴基斯坦、印度、尼泊尔、孟加拉等国，栖息在热带高草地和沼泽丛林地带，通常单独活动，夜行性，白天隐蔽在莽草灌丛中休息，一般傍晚开始活动和觅食。印度犀听觉和嗅觉较好，视觉差，行动缓慢，但受到惊扰和攻击时，自卫反击行动快捷而猛烈，连号称森林之王的老虎都畏惧它们，人类是唯一能对其构成伤害的天敌。印度犀很喜欢水，会游泳，常在泥潭中洗泥浴，以躲避那些寄生虫的干扰，主要以植物的枝叶为食。雌犀孕期17～18个月，每胎1仔，5～6岁时性成熟，寿命可达50年。现今世界上仅存印度犀牛1100头左右。

非洲特有的双角犀牛

黑犀是非洲特有的双角犀牛，体重达1.5～2吨，前角长60厘米以上，最长纪录136厘米。它们分布于非洲的东部和南部，多生活在干燥而开阔的平原地带或多山森林的林缘，有时也进入密林中休息。黑犀单独生活或聚集数只成小群活动，夜行性，通常白天休息，傍晚以后到水坑去洗澡，然后进食，快天亮时又去洗一次澡，然后才回到"老窝"休息。它们的听觉和嗅觉较好，视觉较差，对敌害的反应主要靠常栖息在它们身上的鸟类为它们报警。黑犀是犀牛中

○黑犀

脾气最坏，性情最粗野和凶猛的，如遇到追赶和攻击，便会十分凶猛地攻击对手。它们鼻子上方的尖硬角战斗力极强，脾气发作起来，三四头猛狮也不是它们的对手。黑犀的主要特点是口比较狭窄，上唇呈三角形，有一个钩状尖端，稍有伸缩性，故黑犀的食物以树叶及细嫩枝为主。雌犀孕期为15～16个月，每胎1仔，4～6岁时性成熟，寿命约25年。黑犀牛曾广泛分布于非洲，猎獗的偷猎使之成为"犀中之稀"，现已被列入目前世界上十大濒临灭绝物种新名单内。

体形最大的白犀

　　白犀，又称方吻犀，主要分布于南非、苏丹、刚果、乌干达等国。白犀生活在开阔的平原和林缘，是犀科动物中体形最大的，肩高达1.8～2米，身长4.1～4.4米，体重可达3.5～4吨以上，它的前角极长，最长的可达158厘米，一

○白犀母子

般为60～100厘米，后角稍短，约50厘米左右。雌白犀的角通常比雄白犀的角长。名为白犀，实际上体色是灰色，它们与黑犀的主要区别是头大而长，唇不尖长，比较宽，呈方形，整个吻部又大又方，故称为"方吻犀"。白犀的吻便于啃食地表植物，所以白犀以草食为主。白犀牛性情比较温顺，行动较迟钝，由于目光短浅，走路时总是低着沉重的头，鼻子差不多碰到地上，看似心事重重的样子，平时常成双成对或3～5只结小群活动。它们白天在较高的植被中休息，夜间活动，尤其喜欢在泥水中浸泡、打滚，有在固定地点排泄粪便的习性。

爪哇犀牛和苏门犀牛

爪哇犀牛分布于印度尼西亚、马来西亚和缅甸等地，外形与印度犀十分相似，个头小，体重约1.5吨，只有雄犀牛有角，角长25～35厘米。它们生活在热带密林中，喜欢阴暗潮湿的环境，常在沼泽泥潭中嬉戏，性情胆怯，平时单独或成对活动，不喜合群。爪哇犀野生数量十分稀少，调查估计野外仅残存30～50头。

苏门犀牛分布于苏门答腊和加里曼丹等地，是犀牛家族中个子最小的，体重1吨左右，有双角，前角细长，达50～60厘米，身体为褐色或黑色，体表多皱多毛，习性与爪哇犀牛基本相似。据调查其野生残存总数为150头左右。

由于犀牛类动物肉可食，犀牛角是最名贵的药材之一（价格比黄金还要贵，一支犀角可卖到5000美元以上），所以偷猎者便大肆捕杀犀牛。各种犀牛已被各国列为重点保护野生动物。

小知识

犀牛是所有陆生动物中最强壮、最危险、最大的动物之一。大约6000万年前，犀牛广泛分布在欧洲、亚洲、非洲、美洲诸大陆，至第四纪更新世，中国境内还有许多犀牛分布。有一种已灭绝的犀科蒙古种，叫俾路支犀，是一种巨大的食草怪兽，肩高7米，体长近10米，体重15吨。巨犀曾是地球上生存的最大陆生动物之一，新出生的小巨犀就重达250千克以上。

貌似刺猬的针鼹

　　针鼹仅分布在澳大利亚。针鼹除头部和腹部长着柔软的短毛外，身体其他部分布满长短不一、中空的针刺，刺下有毛。针刺十分锐利，长有倒钩，如同披着一副尖刺的"盾牌"。受惊扰和遇敌时，针鼹或以背刺对敌，用尾部猛击对手，同时针刺会脱离身体，刺入敌方体内，很快会长出新的针刺；或像刺猬一样，迅速将身体蜷缩成球形，看着像一个无头无尾的"刺毛球"，令对手无从下口；或挥动短粗有力的四肢，凭借趾尖锐利的钩爪，快速掘土，一口气能挖1.5米左右，瞬间钻入地下或将身体埋入土中一半，只露出锐利的针刺在外面御敌。针鼹四肢短粗有力，掘洞速度极快，当你看到一只慢悠悠爬行的针鼹，也许会喊同伴观看，但仅几秒钟的瞬间，它就会神奇地在你的眼皮底下"隐身"消失了，仅能见到地表面一个堆着松土的洞口。

非凡的力量

　　针鼹是身长50～70厘米，体重5～10千克的小型兽类，却具有令人不解的非凡力量。它们能搬动比自身重一倍的石块，还能从牢固的铁丝网箱中脱逃。虽然针鼹与鸭嘴兽同为世界上仅存的卵生哺乳动物，却有许多不同之处，除外貌明显不同外，所需的生活环境和习性也有明显差异。针鼹喜欢在草原、灌丛、疏林和多石的半荒漠地域活动，黄褐色的针刺顶端呈深褐色，跑动时与沙地灌木环境浑然一体，伪装得十分巧妙。它们与水无缘，却天生会游泳，能像刺毛球一样漂浮在水

○可爱的针鼹

面上。针鼹最爱挖掘的是一个个圆锥形的蚁巢。它们长着坚硬而长长的管状尖嘴，鼻孔在嘴的前端，口中虽然没有牙齿，却长着一条能灵活伸缩的长舌，可伸出30多厘米，舌上分泌出黏稠的黏液，用来沾取蚁虫和虫卵。

消灭蚂蚁和白蚁的英雄

澳大利亚多树木，白蚁喜啮树木，许多民房被白蚁毁掉，人们对白蚁恨之入骨。针鼹眼睛小耳朵小，视力不佳，却具有敏锐的听觉和嗅觉，能敏锐地察觉土壤中极轻微的震动，任何蚁类休想逃脱被针鼹吞食的命运，一只针鼹一天能吃上万只蚂蚁或白蚁，人们喜爱地称其为"带刺的食蚁兽"。

针鼹遍布澳大利亚，是人们喜爱的神秘动物。它们既不盗食庄稼，也不攻击家畜，与人类和家畜和平相处，却是消灭蚂蚁和白蚁的英雄。它的皮没有任何用处，肉少而味道极差，还有的人说吃了针鼹的肉会长白头发。它们出没无常的隐秘生活方式，更增加了它们的神秘感。它们有刺不能叫刺猬，专吃蚂蚁和白蚁，但不能叫食蚁兽。真是太神奇了！难怪针鼹被澳大利亚人选为2000年悉尼奥运会的吉祥物呢。

临时育儿袋

雌针鼹在繁殖期间会在腹部长出一个像袋鼠那样的临时育儿袋，育儿袋中没有乳头，幼兽离开母体，育儿袋会自然消失。母兽每次大多产1枚蛋，它像毛虫

一样弯曲着身子，将蛋直接产到育儿袋里，蛋比麻雀蛋还小些，是白色的软皮蛋，外壳似粗糙的皮革，壳内只有蛋黄，没有蛋白。约10天左右，发育不全的小家伙就会破壳而出，体长约12毫米，重不到0.5克。从育儿袋壁突出的毛孔中吮吸富含脂肪的黏稠乳汁，小针鼹快速发育。大约50天左右，幼兽背上已长出硬刺。被刺痛的母兽掏出小家伙，藏在隐蔽的护理巢穴中继续饲喂。此刻可怜的小家伙连眼睛都睁不开，尚不能独立生活，每隔7天左右就回到母兽袋中吮吸乳汁，再过5个月左右正式断奶。幼兽长到1岁性成熟，此时的背刺已长达6厘米。

哺乳动物中的长寿动物

针鼹是哺乳动物中的长寿动物，据记载，柏林动物园有活到36岁的针鼹；美国费城动物园有活到49岁多的，还不知它送来前的年龄，所以动物专家认为，针鼹的寿命可超过50年。

冬天针鼹会将体温降到同环境相同的温度，如冬眠一样蛰伏在巢穴里，长达200天。平时它们每天要用18～20个小时外出觅食，却又能长时间地不吃不喝，最长可"绝食"一个月之久。它们白天黑夜都能活动，尤其是遇到好天气时，会出来走个不停，四处游玩，滚动状地游走，高兴时还会用后腿站立奔跑一程呢！

○貌似刺猬

针鼹没有汗腺，在热天不能平衡自己的体温，所以夏季白天常蜷缩于地下的洞穴中睡觉，晚上出来觅食，以致许多不小心爬上公路的针鼹丧生于人类的车轮之下。它们的天敌是鹰、蛇、蜥蜴、野狗、野猫，还有就是人类的汽车轮子。

朋友们！如果你有机会在澳大利亚驾车奔驰，为了不误伤可爱的针鼹，千万记得要轮下留情啊！

小知识

　　针鼹是单孔、卵生、有育儿袋三者集于一身的珍奇哺乳动物。针鼹的御敌绝招比刺猬高明得多，狡猾的狐狸遇到刺猬，会用细长的尖嘴钻入刺猬蜷缩的腹部，向上挑起抛向空中，摔打几次，刺猬就丧失了防御能力。而针鼹遇到惊吓，会迅速将身体蜷缩成一个无头无尾的"刺毛球"，敌方只能望"刺毛球"兴叹。如果你把手伸到它腹下，一定会被扎得鲜血淋淋。

"爱卫生"的"小强盗"
——浣熊

浣熊仅生活在北美洲，它与中国的珍稀动物小熊猫是近亲，同属浣熊科。虽然被称为熊，体貌却没有熊的模样。它的个头小，体长约65～75厘米，体重仅7～9千克。长有一条约25～30厘米长的、肥大的尾巴，尾上有明显的黑白相间的环纹，有点像小熊猫，只是尾短些。浑身的毛色由灰、黄、褐等色混杂在一起，面部还有黑色的眼斑毛。浣熊的身躯和四肢细长，嘴长得又细又长，猛一看其外形像一只肥胖的大狐狸。

浣熊从不搭窝

　　浣熊是一种树栖动物，自己从不搭窝，随意侵占其他动物的巢穴或栖于天然树洞中。它们昼伏夜出，白天多半时间蜷缩着大尾巴睡大觉，夜间才到溪流水面中寻食。它们的食性很杂，除了吃各种庄稼、蔬菜、果实外，也喜欢吃虾、蟹、贝类、鱼、蛙、蛇、蜥蜴、鸟类、鼠类、野兔等，有时也盗食鸡、鸭等家禽。浣熊喜欢游泳，水性极佳，猎狗到了水中也不是它的对手，它们会用强有力的前爪猛击狗头，将狗头压入水中透不过气来，直到淹死方休。

　　浣熊的拉丁文学名的意思是"洗物者"，中文"浣"是洗的含义，科学家对它的命名是缘于浣熊奇特的习性。它在吃食物之前，总要先把食物浸在水里"洗"一下，才放心地食用。当初科学家们并不知道它为何先洗后食，便形象地给它起了"浣熊"这个名字。

　　浣熊生性活泼，喜欢凑热闹，胆子大，不认生，就是将它放在陌生的闹市中心，它们也大模大样地活动，毫无畏惧的表现。浣熊尤其是对发光的物体感兴趣，趋光而逐的后果是常常遭到狡猾的猎人的诱捕。

富有智慧

浣熊是富有智慧的动物，经过科学的训练，它们能准确地选定自己常见的、喜欢的食物或玩具。在自然环境中，浣熊个体间会相互协调配合围捕猎物，一组驱赶猎物，另一组埋伏在隐蔽处围捕，然后分享美味；能爬到果树上摇动树枝，落地的果实大家共享；还会用脚踏出水坑，将鱼赶入坑内捕捉。更有趣的是浣熊常常光顾居民家中，它们用灵巧的前肢拧开球型门锁，进屋后直奔冰箱，掏出食品美餐一顿，然后在屋里东摸西翻，搅得一片狼藉。有的居民怀疑是"窃贼"光顾，请来警察侦破，经仔细侦察，却发现浣熊正躲在隐蔽的角落里吃冰箱里的食品。人们戏称它们是可爱的"小强盗"。居民们并不因浣熊淘气而生气，倒是十分喜欢这些机灵的小家伙，还经常拿出牛奶、甜点等美味食品招待它们，此时浣熊会排好队，井然有序地依次食用，所以浣熊又是逗人喜爱的小动物。

○浣熊

浣熊真的讲究卫生、爱清洁吗？科学家经过观察和研究，发现其实不然。浣熊生活的自然环境大多靠近水域，它们又喜欢在水中捕捉水生动物，但是生活在动物园内的浣熊，失去了自己习惯的水生环境，它们多么怀念在水中捕食的自由生活啊，于是一吃东西就模仿在水中捕食的动作，人类误以为它们"洗食物"是为了"讲卫生"。其实浣熊根本分不清干净水和混浊水，有时拿着挺干净的东西也要到脏水里浸泡一下，还吃得津津有味呢。

竹林隐士
——大熊猫

地球上的大熊猫出现在240万年前，是中国特有物种，现在世界自然基金会（WWF）的标志就是大熊猫。大熊猫曾广泛分布在中国中南地域，大约有10万只，后因种种原因退缩至四川、陕西、甘肃三省交界处。

奇异的黑白熊

大熊猫栖居在海拔2000～3500米的高山竹林中，独居，昼夜均有活动，无固定居住地，有季节性垂直迁徙的习性。它们视听觉较差，嗅觉尚好，善攀爬，会游泳，以竹叶、竹竿、竹笋等为食，偶食小动物、鸟卵。大熊猫春季发情交配，孕期约4个月，每胎产1～2仔，6～7岁性成熟，寿命约20年。科学家还发现野生的大熊猫有棕色色型。2005年时野生大熊猫数量约为1596只，人工饲养约为168只。

友善大使

世界最早饲养展览的大熊猫"苏琳"于1937年在美国芝加哥布鲁克菲尔德动物园同游人见面。1953年成都动物园在国内首次饲养展出大熊猫。北京动物园于1955年向广大游人公开展示了3只幼大熊猫的风采。至2001年世界大熊猫谱系的记录已达到542只。提起大熊猫的出国，可以追溯到1300多年前中国的

唐朝。1941年，宋美龄曾以"国民政府"主席夫人的名义赠送给美国一对大熊猫。20世纪50年代末期，中国赠送给苏联2只大熊猫，60～70年代我国先后赠送给兄弟友邦朝鲜5只大熊猫。大熊猫的"出国热"是在20世纪70～80年代，截至1982年，中国政府共计赠送给9个国家23只大熊猫。1995年后开始以10年合作研究形式在日本、美国、韩国进行大熊猫巡展。

○大熊猫交配

○大熊猫幼仔

人工繁殖大熊猫

人工饲养下开创繁殖成功先河的为北京动物园，从1963年到1999年，共计14个单位（动物园、饲养场）繁殖大熊猫149胎223仔（72个双、三胎），成活106只。由于饲养人员不断改进饲养、繁育技术，大熊猫繁殖成活率由20世纪60～80年代的30％左右，提高到90年代的50％以上。

大熊猫的妊娠：据科学家研究，雌性大熊猫在受孕后，受精卵并不很快着床，而是处于游离状态，大约在临产前1.5～2个月时才着床发育，所以出生的幼仔仿佛早产儿。

初生的大熊猫幼仔平均体重只有100多克，是母亲体重的1/1000。幼仔全身粉红色，长有稀疏的白毛，尾巴较长，双眼紧闭。3日龄眼圈出现黑色；5日龄肩、腿部呈现黑色；7日龄黑白相间的毛色已较明显；1月龄的大熊猫幼仔能互相感知；2月龄

的大熊猫幼仔已经睁眼；3月龄的大熊猫幼仔蹒跚学步；4月龄的大熊猫幼仔会玩耍嬉戏；5月龄的大熊猫幼仔可以进行户外活动；6月龄的大熊猫幼仔逐渐断乳。

　　1963年第一只人工饲养下的大熊猫幼仔出生（北京）；1978年第一只人工授精大熊猫幼仔繁殖成功（北京）；1990年大熊猫一母带双仔达到两幼仔成活（成都）；1992年全人工哺育大熊猫幼仔成活（北京）。

　　目前中国已启动《中国保护大熊猫及其栖息地工程》，完善已建立的14个保护区；新建14个保护区；设立17条走廊带；加强32个大熊猫分布县的管理站的建设。

○ 大熊猫嬉戏

○ 大熊猫

中国保护大熊猫研究中心在保障可持续发展的前提下，启动了《大熊猫放归野外工程》：保持人工饲养下大熊猫后代的自然属性；逐级训练外放；做野生种群的可靠后援。

大熊猫是全世界的自然遗产，它不仅是中国的瑰宝，也深受全世界人民的喜爱。大熊猫的前途和命运牵动着世人的心，全世界的动物保护工作者和科学家正为拯救大熊猫而鼎力合作。

大熊猫属于哺乳纲食肉目熊科大熊猫属，1869年由法国传教士戴维正式命名，被列入中国Ⅰ级保护动物，濒危野生动植物国际贸易公约（CITES）附录Ⅰ，世界自然与自然资源保护联盟（IUCN）濒危级物种。大熊猫的分类地位曾有过争议，在解剖生理方面它与熊科动物相近，而在血液学及分子生物学上却接近浣熊科动物。最终大熊猫和小熊猫被定为熊科的熊猫亚科。

司马迁的《史记·五帝记》中记载4000多年前称大熊猫为貔貅（pí xiū）。3000多年前西周的《尚书》和《诗经》对貔貅也有过描述。2700多年前春秋战国的《山海经》称大熊猫为食铁兽。2000多年前汉代的《尔雅》称大熊猫为貘。公元前2世纪秦代建"上林苑"放养狩猎兽，貘列在前茅。1700多年前西汉称大熊猫为驺虞（zōu yú）。明代李时珍的《本草纲目》曾将大熊猫入药。

兽中之王——虎

虎是最大的猫科动物。成年虎体长1.6～2.2米，尾长1.2米，体重200～420千克，体重排第一的是东北虎，最重的达500千克以上；排第二的是孟加拉虎、南亚虎；华南虎较小，体重有190千克左右，尾长有1米。虎头圆、耳短、颈粗；牙齿尖利，一对犬齿长6～7厘米，能撕裂任何厚实坚韧的兽皮；四肢强壮有力，爪坚实锋利，爪落处便血肉横飞；双目炯炯发光，并有白毛相衬，古人称虎为"吊眼白额大虫"；虎毛色浅黄或棕黄色，满布黑色横纹，额间自然呈

"王"字形几条黑纹，斑斓健美。虎的外貌不怒自威，步履威重，昂首阔步，气度非凡。

百兽之王不是自封的

虎称百兽之王，除了人以外没有任何天敌，它能够杀死体型与自己相当的熊甚至比自己体型大的牛，虎为什么会如此凶猛强壮呢？

从侧面看，虎的体型并不健壮发达，尤其是虎的后半部，干瘪的腹肚就像只有两层皮，纤细的后肢似乎难以支撑王者的身躯。但若从顶部或头部观察虎，虎的强健气势便一览无余，这里就是体现虎威的部位——虎背。虎的背部是全身肌肉最发达的部位，粗壮的前肢撑起虎头，它们组成了虎捕猎的主要部件。发达的肌肉拉动前肢迅速奔跑，利爪牢牢地抓住猎物，锋利的犬牙死死地咬住猎物的咽喉，瞬间一个活生生的生灵就成了虎的美餐。

○华南虎

生儿育女

　　野生虎生性孤独，一年中除发情期寻偶交配外，一般单独活动，无固定巢窝，游荡时随时在草丛中卧息。雌雄虎发情期一般都在冬季。雄虎发情性欲最旺盛时，不断吼叫，不停地走动，追逐雌虎，两眼直视，食量减少，频频撒尿，乱喷尿液，阴茎不时伸出，向雌虎接近时喷响鼻，以示亲热。雌虎发情时表现得烦躁不安，不停地走动，拒食或少食，阴门水肿，不时在地上蹬腿、打滚，两眼注视着雄虎，主动亲近雄虎，互相摩擦，尾追雄虎臀部，时而伏卧，时而翻滚，时而臀部高翘，吸引雄虎交配。交配时雌虎伏地雄虎骑上身来，两性器一沾即罢，仅半分钟，雌虎便翻滚而起。隔几分钟再接交一次。多次接交，大约需要交配一个半到两个小时，才可受孕。交配结束后，雌雄虎便各自返回领地。雄虎继续独自游荡丛林，雌虎则为哺育后代筑窝，养育后代全由雌虎负责，雄虎是个不称职的丈夫和父亲。

　　母虎母性极强，护仔。母虎将新生虎仔用爪聚拢在怀里，不时用舌头舔净它身上的脏物和粪便。初生虎仔在虎妈妈温暖的怀里摸索着寻找乳头，找到乳头便不停地吸吮乳汁，吃饱了也不松口。母虎怀抱幼仔，不时警惕地环视四周，一遇动静，便发出"呼噜噜！呼噜噜！"的低吼声，并张开血盆大口，露出骇人的虎牙。母虎在夜深时才外出捕猎。此时是幼仔最危险的时候，所以母虎不敢远离，捕猎后便匆匆返回窝里。自然状态下幼虎的成活率不足50%。母虎每2～3年生育一次，孕期98～110天，每胎产3～4只。幼虎吃奶50天后，便随同母虎出猎，半岁时就能将母虎击倒的动物噬杀。1岁的幼虎可以击倒一只鹿。4岁以上幼虎性成熟，便离开母虎单独谋生了。4～11岁为母虎的生殖盛期，一生可产5～6胎，大约到18岁后停止生育。虎可以活25～30岁。

○孟加拉虎

○东北虎幼仔

善于偷袭

虎为夜行性动物，早晨与黄昏活动频繁，白天在树丛中睡大觉，养精蓄锐，一夜间活动半径在30千米以上。虎身躯庞大，但脊椎关节灵活，爪能收缩，只用趾垫着地，行走时悄然无声，轻巧而迅捷。

虎捕猎时多凭视觉和听觉，采用隐蔽追踪的方式，发现猎物后，以草丛、乱石作隐蔽物，潜行至离猎物10～20米远时，则匍匐接近猎物，突然从后蹿出，用前掌将猎物击倒在地，再用锐利的爪、牙来抓、咬猎物颈部和喉咙，使其窒息死亡。

虎一次可食肉30千克，常先食内脏，再吃肉和皮，将剩余的残肉衔到安全地方保存，然后到溪水边饮水。

○孟加拉虎的白色变种──白虎

○东北虎

　　虎是亚洲特有的大型食肉猛兽，原有8个亚种（还有9种说，包括新疆虎，现在大多不提），目前苏门虎、爪哇虎、里海虎和巴厘虎这4个亚种已永远地消失了，只剩下东北虎、华南虎、南亚虎和孟加拉虎4个亚种。现自然界中仅存虎5000只左右。其中孟加拉虎尚存3000只左右；东北虎约415～475只，95%以上生活在俄罗斯境内；华南虎仅存20～30只；南亚虎约1000只左右。这其中有3个亚种生活在中国的东北、华中和华南等地区。半个世纪以前中国境内有2万只虎，现在连几十只野生虎也难觅其踪。虎已被定为国际"红皮书"E级濒危物种。

鲜艳美丽的
火烈鸟

　　火烈鸟的正名叫红鹳，又称焰鹳、火鹳，与白鹳是同族兄弟，全世界共有6种。火烈鸟外貌美丽，动作优雅，体披火红色的羽毛，仅飞羽黑色，长着一双发红色的长腿，远看泥沼湖泊上的火烈鸟群，通红一片，宛如粉红色的波涛，异常美丽壮观。

红色海洋

　　火烈鸟体高在0.9～1.9米之间，椭圆形的身躯下，长着两条纤细而瘦长的腿。它们喜欢单腿仁立在水中，细长的脖子常弯曲成"S"型，小小的头上长着形状特殊的嘴巴，嘴基部很高，中部突然向下弯曲，上嘴较小，下嘴较高，呈鲜艳的红色或黄色，嘴端部漆黑。每当进入繁殖孵化时期，火烈鸟周身的羽毛由原来的粉红色，变为朱红色或鲜艳的火红色。

　　火烈鸟身上的羽毛并非生下来就是红色的。刚出生的幼火烈鸟浑身是柔软的白色和灰色的绒毛，直嘴短腿，像只唧唧叫的小鹅。经科学家研究发现，火烈鸟喜食一种绿色的小水藻，这种小水藻经过消化系统作用后，产生一种会使羽

○大红鹳育雏

毛变成红色的物质，随着小火烈鸟的成长，羽毛逐渐变成红色，外貌和体形渐渐变成亲鸟的模样。而这种小水藻通常长在呈碱性的苏打湖（咸水湖）中，所以具有天然苏打湖的非洲坦桑尼亚北部的纳特龙湖和中美洲的巴哈马群岛每年都有数百万只火烈鸟集群繁衍生息，远远看去，遍地通红，好似一片红色的海洋。火烈鸟被尊为巴哈马国国鸟，更被当地人誉为神鸟。

○大红鹳

○小红鹳

独特的生活习性

　　火烈鸟喜集群活动，常集数万只大群。它们生性怯懦，喜欢安静，胆子很小，警惕性很高，稍受惊扰，便仓皇群飞而起，顿时铺天盖地，遮满天空，场面蔚然壮观。火烈鸟飞翔时脖子伸长，姿态十分优雅。它们主要吃水中的藻类，也吃小型软体动物和甲壳类动物。火烈鸟的采食动作十分有趣，先把嘴巴

伸放进水中，然后侧转头部将嘴巴翻转，成了上嘴在下而下嘴在上，此时头部有节奏地颤动，将食物和软泥吮入口中，然后把多余的水、泥和不能吃的渣滓不断地从嘴边排出，剩下的藻类和小动物留在口中，再徐徐吞下，火烈鸟的嘴巴真是个天然精巧的食物"过滤器"。

　　每年进入繁殖季节，与大多数鸟类一样，雄火烈鸟追逐着雌火烈鸟，扭颈展翅，翩翩起舞，以期赢得对方的青睐。几天后，成双成对的火烈鸟开始

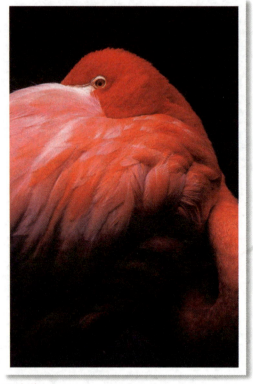

○小憩

忙碌地共筑爱巢，它们用嘴把泥滚成小球，再用脚把泥球和杂草堆砌成一个圆锥形的平台，平台上是蝶形的凹槽，泥巢高约50厘米左右，远看像一个个"湖心亭"。雌鸟在凹槽中产卵，卵为白色，每次产1~2枚，由双亲轮流孵化。孵化时，它们将长颈后弯藏在背部的羽毛中，此时巢区显得格外安逸和宁静。约30天，幼鸟出壳，雏鸟为晚成性，一开始靠亲鸟饲喂，双亲形影不离地围着雏鸟，精心地保护哺育后代。经过65~70天饲喂后，雏鸟自行加入大群独立生活。

火烈鸟是迁徙性鸟类，一旦迁徙开始，"集体观念"极强的火烈鸟就要随大群统一行动。那些晚出世的幼雏，就要被"狠心"的亲鸟遗弃在繁殖地。

鸟类的迁徙是对变化着的生态环境条件的一种积极的适应本能，是每年在繁殖区和越冬区之间周期性的迁居活动。鸟类迁徙时具有集大群、定期、定向等的特点。迁徙的距离往往达到数千千米，甚至上万千米。在如此长途的飞行中，会遇到自然气候变化、天敌侵袭、人为猎杀等种种艰难险阻，途中的损伤是十分巨大的。鸟类从雏鸟长成成鸟需要经过数次换羽，羽翼才能长全，在育雏期内雏鸟随时处于外界自然因素，如阴雨等造成的食物短缺、外敌的侵扰等因素的威胁之中，这是造成雏鸟大量死亡的主要原因。所以羽毛未丰满的雏鸟是没有自我保护和生活能力的。

昆虫世界的刽子手
——螳螂

螳螂属有翅亚纲，螳螂目，螳螂科。全世界共有1800种，中国有约51种左右。螳螂是食肉性昆虫，它们的食谱中有60多种有害昆虫。但螳螂只吃活虫子，它们的眼睛只能看到活动的东西，面对会动的东西，反应十分敏锐；而对静止不动的物体几乎视而不见。

捕获猎物百发百中

螳螂仅用0.05秒就能完成转头、瞄准、挥刀捕猎的全过程。原来，螳螂靠一对大复眼和颈前的感觉丛毛给大脑神经系统传递信号。大复眼负责精准地测定活动物体的方向、距离和速度；颈前的几万根感觉丛毛，受头转动的压力而弯曲和伸直，刺激大脑作出准确的头部旋转角度。两者完美结合组成了螳螂精确的瞄准器，使它能够迅猛捕食，百发百中。

螳臂是螳螂的前足，昆虫工作者称之为捕获足。这对捕获足粗壮有力，形似一对能开折的大刀，刀口上倒生着两排锋利的尖刺，末端还有一个尖锐的硬挠钩，伸缩转动自如。"螳臂当车"这个成语虽然含有贬义，但是螳螂非常勇猛，敢以双臂挡住车轮，虽无济于事，却也显示了它威武不屈的气概。螳螂总是昂着头，举起双臂，较长时间的静止不动，就像在祈祷，所以有的国家

○螳螂交配

称其为"祈祷虫"。其实它们是在观察敌情，酝酿攻势。遇到敌人或猎物时，螳螂会直立前身，双目"虎视眈眈"，双臂如箭一般射出胫端挠钩，瞬间将猎物置于前足的镰刀之下。它们边捕获、边咬死、边抛弃，一路上昆虫卧尸遍野，所以螳螂是昆虫世界名副其实的"刽子手"。

螳螂有时连自己的同类也不放过。千万年来螳螂"杀夫养子"的方法代代相传，雌螳螂的"杀夫基因"被成功传递。雌螳螂会在交配受精之前，将雄螳螂连头带颈吞吃掉。原来，雄螳螂的交配行为是由胸部和腹部的神经支配的，而颈下的神经对交配有抑制作用。于是雄螳螂为了子孙的延续，毅然献出了头颅和生命。交配后雌螳螂凶狠地、一口口地吃掉它的夫君，作为育儿生子的储备养料，故而它们也落了个杀夫和敌我不分的"恶名"。在南美洲有几种体型硕大的螳螂，能袭击青蛙、蜥蜴、小蛇、小鸟等动物，其凶悍的性格，在昆虫界算是名列前茅。

不过对人类来说螳螂是有益的昆虫，理应受到很好的保护。

独特的谋生秘诀

　　各种生物都有其生存之理。螳螂是一种十分古老的低级原始类昆虫，早在三叠纪羊齿林中，就以猎捕昆虫而崭露头角。它们有独特的谋生秘诀，千万年来，它们避强欺弱，以特有的取食、生殖方式生存繁衍，而其长期形成的绝妙的保护色相，使它们成为优胜者。在五彩斑斓的大自然色相中，生活着各种与自然色相若的螳螂。这些奇妙无比的自然保护色使其躲过了众多天敌的侵袭，更巧妙地蒙骗捕杀昆虫。有的螳螂胸节两旁、前肢上都有色泽美丽的薄膜张开，与植物花朵一模一样，引诱昆虫上当；有的装扮成枯叶状；有的头部在阳光折射下变成了一滴露珠或花蜜……当昆虫飞落时，螳螂就迅猛扑击，一举将其猎获。

○螳螂欲捕食

　　蝉、螳螂和黄雀三者形成了捕食者和被捕食者的微妙关系。蝉吸食植物的汁液，并将卵产于植物嫩枝皮下，损坏植物，是一种害虫；螳螂捕杀蝉、蛾、蝶、苍蝇、蚊类、甲虫等害虫无疑是益虫；黄雀善食各种昆虫，亦食谷物，益害参半。"螳螂捕蝉，黄雀在后"准确而形象地描绘了自然界中弱肉强食、物竞天择、适者生存的循环食物链，保持了生物圈物种数量的相对平衡，使生物能量流生生不息，源源不断地运转不停。中国古代的政治家、哲学家、军事家们将这一自然法则巧妙地运用到治理国家和运筹战争中，确能屡试屡胜。

"网络高手"——蜘蛛

蜘蛛已在地球上生存了4亿多年，总数4万多种，是遍布世界各地，出没于草原、森林、荒漠、水下的庞大类群，是地地道道的食肉性动物。蜘蛛看上去非常像昆虫，其实它们和昆虫是两个完全不同的种类，蜘蛛属于节肢动物门蛛形纲，这个纲的动物还包括螨类、扁虱和蝎子。蜘蛛体长0.5毫米～9厘米不等，不同的蜘蛛虽然在个头、形体和行为上有极大的差异，但它们都具有以下特征：身体分为头胸部和腹部，两部分由细小的腹柄相连，腹部不分节，8条腿，每一条腿由7节组成，能向猎物注射毒液，能产生蛛丝。

自然界中的"网络高手"

蜘蛛主要通过触觉来感知世界。蜘蛛的每条脚的末端都包裹着一层浓密的毛发，而每根毛发的末端都生着一层非常细小的"脚"。这些毛发"脚"就是其高度灵敏的触觉系统，能够觉察来自脚下的任何微弱震荡，获取来自周边空气中的震动信息（声音），蜘蛛结合蛛丝能在光滑的表面和垂直的墙壁上游走自如，成为掠食各种昆虫的"蜘蛛侠"。

令人惊奇的是，蜘蛛只有极少的脑容量，却能出色地完成结网、收集信息、准确攻击猎物等的复杂工作。原来蜘蛛的中枢神经系统以相对简单的方式直接连向全身的肌肉组织和感觉系统，神经细胞会向中枢神经发出各种信息，简洁明快，反应迅速，称得上是自然界中的"网络高手"。

蜘蛛的骨骼长在肌肉的外面，外骨骼由各种

蛋白质和几丁质合成，每长大一点，就必须形成一层新的更大的表皮外骨骼，并蜕去旧的外骨骼，蜘蛛的一生要经过多次蜕皮才能一次次获得新的生命。

蛛丝硬度胜过钢

蜘蛛天生就有能够分泌蛛丝的腺体。蜘蛛的后腹部一般有两到三对喷丝头，喷丝时，喷丝口通过一个特制的"调节阀"根据需要控制喷液的速度和浓度，以调节蛛丝的粗细。在空气中蛋白分子不断拉长，形成一根长链。喷丝头会不断将这些长丝缠紧，使细丝结实、牢固。它们还在蛛丝上涂上一层又黏又不透水的物质。蛛丝异常结实，柔韧性极强。某些蜘蛛喷出的丝线硬度是钢的5倍，强度是蚕丝的2倍，弹性是钢丝的4倍、蚕丝的2倍。

蛛丝是蜘蛛在空间活动中的保险绳，也是其孵化卵、养育幼蛛的丝茧室。还有的潜水蛛能用蛛丝建造神秘的水下潜水钟。潜水蛛在水下植物上造一个网台，然后把水中的气泡"捕获"释放到网里，形成一个空气包，潜水蛛在充满空气的潜水钟里，慢慢享用捕捉到的小鱼、小虾，连交配、产卵、孵化、养育子女都在这个潜水钟里进行。

很多昆虫都会吐丝，但没有任何一种动物能像蜘蛛那样结网，最精致的是一种圆形网。这种网是动物王国中最巧妙、最复杂的一种建筑。第一步，蜘蛛必须在高处设定一个起始点，然后向空中吐出一根长丝，通过空气的作用搭上另一个点位，继而缠紧丝线，系牢在起始点上。蜘蛛再吐出一根更柔软的丝来

进一步固定两点；第二步，蜘蛛爬到此丝线的中央，用自身体重使丝线下垂，形成一个"V"字形，从"V"的最低点向下吐出一根丝，形成一个"Y"形，"Y"的三线交点就是丝网的中心；第三步，蜘蛛从丝网中心向四周均匀地吐搭非黏性的辐射线，然后用一根非黏性的丝线，从网中心部位螺旋状连接辐射线，一直延伸到网的边缘，构筑成一个辅助性的螺形网，即筑网的脚手架；第四步，蜘蛛在辅助网上进行螺旋式的行走，边走边吐出黏性丝线，同时吃掉辅助网。这样，一个复杂、精致、黏度极高的蛛网就筑成了。

此刻，蜘蛛则稳稳地守候在蛛网的中间，监测辐射线的震颤。它们具有天生识别震颤源差别的功能，能准确地识别各种昆虫种类、大小以及枝叶落网的差别，还能用一根与网相连的细丝监测蛛网的动静。蜘蛛还是废物再造的高手，当蛛网损坏不能用时，它们就主动吃掉所有的细丝，重新循环利用再造新网。

在蜘蛛群体中，雄性个体比雌性个体小得多，雄蛛处于追求和顺从的地位。蜘蛛的爱情、繁殖过程是一幕缠绵的悲情剧。通常都是雄蛛通过漫长而复杂的求爱仪式，向新娘表示出充分的耐心和诚意，在获得雌蛛的芳心后，达到交配的目的。有的雄蛛还要为爱情献出生命，雌蛛为了结网、孵卵、养育后代，在交配时就将雄蛛吞吃了。

蜘蛛到处结网，纠缠人身，使人类对它产生了憎恶和厌弃之感。其实绝大多数的蜘蛛不会伤害人畜，反而整日到处捕食蚊、蚋等害虫，直接有益于人类，是许多农林园艺果木害虫的天敌，保护和利用蜘蛛是生物防治植物害虫的重要内容。只有少数蜘蛛种类如：毒寇蛛（黑寡妇）、狼蛛、褐蛛、捕鸟蛛、漏斗蛛、管巢蛛等的毒液对人畜有害，所以人们在野外采生时，要引起足够的重视。

　　许多节肢动物（主要是昆虫）和爬行动物身体外面有坚硬的、非细胞性质的外骨骼，这层外骨骼能很好地保护其柔软的内脏，维持身体形状，但却会妨碍它们自由地生长。所以昆虫、虾、蟹、蜘蛛等隔一定时间就要蜕去这层旧的外骨骼，让身体各部伸展长大一些。一层新的外骨骼又重新鞣化，塑化成较坚硬的结构，这种蜕去旧的外骨骼，形成新的外骨骼的过程，叫作蜕皮。

与人相伴的鸟类
——家燕

家燕属雀形目，燕科。燕科鸟类共有70多种，除南北两极和大洋洲诸岛外，分布于全世界，在温带、亚热带为候鸟，热带则为留鸟。家燕是与百姓同居一屋檐下的朋友，人们对家燕的形态特征和生活习性是观察得最清楚的。

燕是雀形目最能飞的鸟，体形小而轻捷，体长15～20厘米，体重13～20克，翼尖长约12厘米，叉形尾，体型轻巧而呈流线型，腿短而细弱，喙短扁，基部宽阔。家燕疾速灵活的飞翔能力和特殊结构的喙部，使它成为捕捉各种蚊子、苍蝇、蜻蜓、牛虻、蝴蝶、蛾类等昆虫的能手。家燕飞行时嘴向两侧大张开，如一个张开的网袋，这样就可以极快的速度追捕昆虫，迅速吞入肚子，捕食过程十分迅捷而威猛。

似曾相识燕归来

家燕每年春季都能准确地从南方飞回北方的巢址，用灰泥或稻草和唾液筑巢，常使用过去的旧巢，加以适当的整修。家燕的巢是鸟类巢中最进化的一种，每年筑巢家燕都要付出艰辛的劳动，所以对巢是不会轻易放弃的。家燕每窝产卵4～6枚，孵化期为14天，幼燕21天离巢。育雏时雌雄燕通力协作，大约2～3分钟喂饵一次，每天约喂食200多次，可见其哺育后代之辛苦。

○嗷嗷待哺的小家燕

家燕是野生动物中与人类最亲近的动物之一，它们放心大胆地在人类的建筑物上选择自己认为合适的地方筑巢、生活、繁殖后代。家燕的巢制作十分精细，先用河泥、枯草、麻线和唾液混合成泥丸，然后用嘴由巢基逐渐向上垒砌成一个坚固的外壳；再用3～5天衔来干枯的细草茎和根，用唾液黏铺于巢底，再垫上柔软的纤维、头发、羽毛即完工。家燕夫妇需艰苦工作8～14天筑巢，巢高5～8厘米，外径12～13厘米，呈平底的碗状。它们整天在人们的眼皮底下飞来飞去，它们的生存与人类的活动息息相关，给人类枯燥的生活带来了无穷的乐趣。在人类修筑房屋的过程中，家燕和麻雀往往早已毫不客气地飞进飞出，光顾巡视起来，它们甚至会比人类更早进驻新居。

原来你们家的新邻居是燕子啊！

看我们家的新邻居，又生了个小宝宝。

家燕的巢一般都选择筑在屋檐下或由屋主人预设在屋内顶部的巢址上。过去人们都以家燕在自己家中筑巢为荣，如果年年有燕筑巢于家中，则被认为是家庭平安吉祥的象征。全家男女老幼都会十分细心地注意保护燕巢。小燕子孵化出后，叽叽喳喳的叫声，亲鸟飞来飞去喂食的忙碌劲儿，给家中带来了无限的生机。燕子南飞越冬后，屋主人会细心整理和保护燕巢，期盼着燕子早日归巢。

○教雏燕练飞

高灵敏的感知能力

燕子和麻雀等鸟类对自然环境中的各种变化是十分敏感的，哪怕极微小的甚至人类都无法察觉的变化，都难以躲过鸟类高度灵敏的感知能力。动物对自然界可能发生的灾难的预感能力，要比人类强不知多少倍。如地震、雷雨、烟雾、异味等灾难性自然变化，动物会早于人类表现出焦躁不安，很多灾难性的自然灾害都是因动物的反常行为，迟钝的人类才获得警报，从而避免或减轻了因灾害带来的损失。因此我们要感激那些为人类作出贡献的动物。

在自然条件下，候鸟可以准确地返回原繁殖地和越冬地。鸟类具有准确的导航定向能力，分为视觉定向和非视觉定向两种。视觉定向包括：太阳、星辰、月球及陆地标志等，白天鸟类利用太阳或地面上主要的海岸线、河流、湖泊、山谷走向等，夜晚星空是夜飞鸟导航定向的依据。鸟类在完全阴天时，能准确地通过感应地球磁场极性辨别方向。有些鸟类通过某些特定区域的挥发性气味物质确定方向，有的通过鸟类间的鸣叫或地面发散的声响如蛙类繁殖时的叫声等，鸟类能接收1000米外的音响信息。

嘴长得最大的鸟
——巨嘴鸟

　　巨嘴鸟是分布于南美洲热带丛林中的特有鸟类，因其长着大得出奇的巨嘴而闻名于世。巨嘴鸟有30多种，其共同特征是嘴又粗又长，相当于身体的三分之一。还有几种巨嘴鸟的巨嘴几乎与身躯一样大，很多人以为这样的嘴太笨重，整天扛着巨嘴生活太累了。

上下翻飞，灵活自如

　　其实巨嘴鸟在热带雨林中上下翻飞，灵活自如，巨嘴还能精巧地梳理羽毛，大嘴一张一合衔食水果时灵巧得很。这是因为巨嘴鸟的嘴骨构造奇特，并不是一个致密的实体。嘴的外面仅仅是一层薄薄的硬壳，中间布满纤细、多孔隙的海绵状骨质组织，组织内充满空气，所以不太重的巨嘴不会给巨嘴鸟的生活造成压力。生活在亚马孙河口的巨嘴鸟，体长70多厘米，却长着又粗又壮的巨嘴，嘴长24厘米，宽9厘米，嘴占到身长的三分之一，重量却不足30克。

　　大多数种类的巨嘴鸟羽毛十分艳丽，有的是黄色和白色相映，有的是淡绿、浅紫和棕红色，在各种主色中还镶嵌着金属光泽的彩辉。巨嘴鸟色泽艳丽，不仅反映在其斑斓的羽色上，也体现在它们多彩的大嘴上。有一种巨嘴鸟

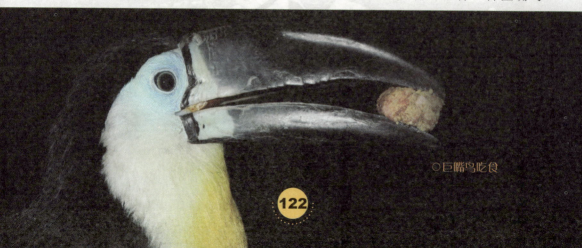

◎巨嘴鸟吃食

嘴的尖端有一点儿呈殷红色，巨嘴的上半部分为黄色，稍带浅绿色，下半部分则是蔚蓝色。再配上橙黄色的胸部、漆黑的背部、眼睛四周天蓝色的一个眉羽圈。大自然无私地用五颜六色创造出美丽的巨嘴鸟，构成一幅多彩而又协调的天然水墨画。

奇特的进食习惯

巨嘴鸟主要以果实、种子为食，偶尔也吃一些小动物及鸟蛋和幼鸟。有人曾经这样描述巨嘴鸟奇特的进食习惯：它吃东西时先用嘴尖把食物啄成小块，然后仰起脖子把食物向上抛起，再张开大嘴，准确地将食物接入喉咙。不过在原始丛林里，人们从未见过这种游戏式的进食行为。根据人们的观察，每次巨嘴鸟取食水果时，总是将喙尖高高地翘起，这大概是为了让水果自行滚入喉咙，否则，真不知道它们如何将进了嘴里的水果吞到肚子里。它们这样进食，其实是为了缩短吞食的过程，因为那张大嘴太长了。

巨嘴鸟的食量很大，每天要吞食许多水果，上下嘴边的锯齿，能切开较大的野果，然后将无法消化的种子排泄到热带雨林的各个角落，发芽生长。据调查，凡经过巨嘴鸟消化系统处理的种子，比人工处理播种的种子的发芽率高得多。所以它们可算是植物种子的传

○巨嘴鸟

你可千万别张嘴啊，我现在全靠你的大嘴了！

播能手。

巨嘴鸟跟攀禽一样，长着两前两后4个趾。但在树上活动时，不是攀缘向前，而是跳跃前进，在地面活动时，两只脚分得很开，像个大胖子在跳远那样，又笨拙，又可爱。平时它们以雌雄成对或小家庭为单位出没，经常组成几十只的大群活动，有点像乌鸦和喜鹊的生活方式，会像乌鸦和喜鹊一样，合群攻击侵犯它们的猛禽。巨嘴鸟的警惕性极高，总有一只巨嘴鸟充当哨兵警戒，以防敌害的袭击。

巨嘴鸟通常选择在天然树洞内筑巢，睡觉时将巨嘴藏在翅膀下面，尾巴折叠到背上，像个椭圆形的羽毛团。雌鸟一次产卵2～4枚，雏鸟晚成性，需经亲鸟哺育近3个月，才能独立生活。巨嘴鸟性情温顺，很容易驯化，已成为世界著名的观赏鸟。

小知识

自20世纪70年代初，中国从南美洲引进巨嘴鸟以来，巨嘴鸟因环境变化因素都没有产卵繁殖。重庆野生动物世界通过更改饲料配方、换木巢为泥巢等方法，终于取得了良好的效果。2005年，中国自然繁殖成活的第一只巨嘴鸟在重庆野生动物世界鸟类林诞生，幼巨嘴鸟在树丛中欢快地蹦跳着，发出"妥空、妥空"的清脆鸣叫声。

巧夺天工的建筑师
——蜜蜂

　　蜜蜂和胡蜂都是膜翅目昆虫，群居生活。盛夏季节，一个繁荣的蜂巢约有6万只蜂。蜂群中母蜂、雄蜂、工蜂，相依而生，各有专责，缺一不可。一个蜂巢仅有一个蜂后，专门负责产卵，生殖繁衍。母蜂一生只交配一次，可获得千千万万的精子。交配后母蜂腹部变长，一对卵巢约有60万个卵，一昼夜能产1500～2000个卵，一年至少产20万个卵。母蜂具有按巢房大小准确地产入不同性别的卵的神奇功能，一两岁产卵量多质高，三岁后产卵多为雄蜂。养蜂人往往将三岁以上的母蜂淘汰，以保持蜂群的勃勃生机；极少量的雄蜂与蜂后交配后就死掉了；数量最多的是工蜂，它们生下来就要不停地工作，负责供养蜂后、照顾卵及幼蜂、修筑蜂巢、外出采蜜、抵御敌害等。当它们的家（蜂巢）遭到破坏时，工蜂就会全体出动，用尾部的螫针向捣乱者猛刺，直到将敌人赶走或将其置于死地才罢休。蜜蜂团结协作、誓死保卫家园的壮举历来为人类所颂扬。

令人折服的蜂巢

○神奇的蜂巢

蜜蜂用独特的方式修筑的一个个整齐的六边形房间，是巧夺天工的杰作。科学家研究发现，蜂巢每个房间的底部都是由标准的菱形组成，用锐角70°32′，钝角109°28′的菱形搭建巢底最合理。如果在相同面积范围内，用正三角形、正方形和正六边形建造相同数量的房间，然后计算三种形状边长的总和，你会惊讶地发现正六边形是最小的。这也就意味着小小蜂巢的建筑结构是最省材料的设计方案。筑巢中心保持35℃的高温，成群的工蜂用后足将腹部分泌的蜂蜡传递到嘴里嚼匀，依建筑要求加工成型，堆砌室壁。极强的劳动强度，使每只工蜂只能坚持半分钟，就要离岗换班。接班的工蜂会精准、有序、高效率地重复劳动，蜜蜂集体高度团结有序的团队精神实在令人折服。

每个巢室的壁厚只有0.07～0.075毫米，厚薄相当均匀。一块大小17厘米×23厘米的巢脾，能盛入约2千克蜂蜜，而巢脾自重仅40克。如此精密的房间，是由蜜蜂触角敏锐的感觉装置检测完成的。蜜蜂筑巢能依据地球磁场确定方向，遇到干扰磁场时，能准确地修订地球磁场与干扰磁场的夹角，保持蜂巢正确的朝向。小蜜蜂是天生的"数学家"、"建筑师"和"地球磁场物理学家"。

蜂眼构造独特

蜂的眼睛构造是极其独特的。它除了在头的前方两侧有一对大而突出的复眼外，两个大眼之间还有一个叫单眼的小眼。一只复眼是由许多六角形的小眼聚集在一起形成的。曾有科学工作者做过观察计算：同是一种蜜蜂，工蜂的复眼由6300个小眼组成；蜂王的复眼由4900个小眼组成；而雄蜂的复眼是由13000多个小眼组成的。复眼很大，视力却不十分强，是个红色盲者，不能辨别红色、黑色和灰色，只能分辨黄色、蓝色和白色，对宇宙射线紫外光感觉特别敏捷。复眼可认清周围的景物、沿途方向和花的形状颜色，利用日光指导蜂群的行动方向，起到飞行过程中定向和导航的作用。科学家们研究复眼的结构，根据其原理，制造出一种叫做"偏振光天文罗盘"的仪表。这样飞机在空中穿云破雾、舰艇在阴雨连天的大海中航行时，就不再迷航了。小小的蜜蜂还是人类的老师呢！

○蜜蜂

被蜂蜇了怎么办

　　人人都怕蜂的螫针，螫针刺入皮肤时，蜂的腹部受到挤压，毒液就源源不断地流入人体内，引起红肿火辣的痛苦。被蜂蜇的人，要把蜂的针刺轻轻拔除，并涂上氨水或碱水，才可止痛消肿。所以在接近蜂群时，手要清洗干净，行动要轻、要慢，以免惊扰蜂群，最好先戴上防护面罩和手套，就可免遭蜂群攻击。然而蜂仅在遇到外敌侵入或危险迫身时才会这样做，它们也只有依靠这种方式才得以在大自然残酷的生存斗争中求得一席之地。

　　无论是小蜜蜂还是大黄蜂，它们的腹部尾端都有一根螫针，基部连接毒囊和毒腺，囊内储满毒液。毒液主要成分是蚁酸。这条锐利的武器藏在蜂腰部最末一节下方，由三根针合成，末端有许多小的倒钩，刺入皮肤便拔不出来。因为蜂的螫针连着部分内脏，蜂蜇皮肤后，连同内脏留在被蜇物上，故蜂蜇人后即亡。蜂怒而蜇人，实在是出于不得已。

空中霸主
——猛禽

  隼形目鸟类动物学上称为猛禽类，多数白天活动，在高空翱翔。短而宽的翅膀能充分利用上升气流的动力，不用挥动翅膀，也能长时间盘旋浮在空中，侦察猎物。

  鸟类生活在一个由视觉和声音支配的世界。鸟类的视觉是高度发达的，但其他感官如触觉、味觉和嗅觉就很不灵敏。如高空中盘旋的鹰能准确地看清地面的动物，而人类却不能。猛禽的两只眼睛几乎都是直接朝向前方，使它具备宽阔的双目视野和较狭窄的单目视野，这样就使它们对前方距离的判断十分准确。所以那些经常被猛禽捕猎的鸟类，它们的眼睛是朝向相反方向的。鸟类的眼球不能进行大幅度的转动，而是靠其灵活而富有弹性的颈椎转动头部，来环视四周。

  秃鹫、鹞和鹰都属于大、中型猛禽，均为昼行性，种类繁多，广布全球。如鸢（yuān）、金雕、苍鹰、雀鹰、白尾鹞、鵟（kuáng）、白尾海雕、秃鹫、高山兀鹫、鹗。除鹗为适于食鱼的猛禽外，其余均以小型脊椎动物为食，食物中主要是鼠类及病弱动物。

千里眼

所有食肉鸟，包括猫头鹰、鹰及其近亲，视力都极为敏锐，是有名的千里眼。鹰眼构造特殊，有两个中央凹，使其眼的视野近似球形，在中央凹内还有一个灵敏度极高的感受器。它们在几十米至几百米的高空盘旋，甚至在上千米的高空，也能准确迅速地发现地面草丛中的兔、鼠、蛇等小型

○草鸮

动物。在城镇村庄附近捕食陆上动物的鹰，常停留在高墙、电线杆、突出的树枝等高处，伺机觅食。一见地上有小生物移动，便会俯冲而下扑向猎物。追击进攻时鹰奋力振翅，如同一块展翅的阴云，高速接近猎物，停止振翅，头上足下，几成直立，伸双足猛击，瞬间击昏并捕获猎物。现代军事科学家模仿鹰千里眼原理，研制成功"电子鹰眼"，广泛应用于航空国防，协助飞行员准确发现和识别地面目标，监测侵入的飞机和导弹等飞行目标。

○雪鸮妈妈和宝宝

空袭高手

鹰从高空凶猛扑向猎物时，羽毛振张，形成一个凶狠的阴影，这个恶狠狠的阴影照向小动物，迅速扩大，弱小的动物见到此阴影，便已心惊胆战，在惊慌失措之际，鹰已降临头顶。所以小动物如被鹰缠住，通常是难逃此劫的。人们出于对弱者的同情，认为这是很残忍的捕食行为。其实不然，这仅仅是自然界中弱肉强食生物链中最基本的一环。

这些猛禽的视觉可在鸟类中称冠，可它们的嗅觉实在很差，不管肉食味道如何，只要能填饱肚子，它们便一概吞下。如鹫类一般以腐尸为主要食物来源，是自然界的"清道夫"；鹰、鹞类则以其强健有力的翅和犀利的钩状喙爪，主动攻击捕食动物。

鹰是可以驯养的，几千年来，人类就驯养鹰来捕捉野兔、狐狸、鼠类，驱逐小鸟，警卫果园。西域中东国家的人们更以驯服和拥有它们来显示尊贵的身份。当然，猛禽偶尔也会饥不择食地攻击和捕捉小鸟、家禽、幼畜，给人类带来伤害，但这与其对自然和人类的功劳相比是微不足道的。

在自然界生态系统错综复杂的食物链网络中，鹰类猛禽处于第三级消费者，是顶级食肉动物。一般来说处于顶级群落的动物种群抵抗外来破坏的能力都较强，但一旦遭到破坏，种群的恢复能力也最弱。所以保持猛禽类自然野生种群的稳定性，是保持自然生态系统稳定性的重要因素之一。

地球上最大的动物
——蓝鲸

  据记载，最大的蓝鲸，体长34米，体重达200吨，相当于40头象、400头牛或2940个体重68千克的人的重量。蓝鲸巨口内的舌头重达4吨多，相当于一头象的体重；它的肠子长达250米；它的肝脏重1吨，它的心脏巨大，重达500多千克，心脏壁厚60多厘米，全身的血液重达8吨多；雄蓝鲸的阴茎长3米多，睾丸重达45千克；体内的某些粗血管能钻进一个孩子；胸鳍达5米长。人们都知道1亿年前统治地球的恐龙，最大的体长25米，体重50吨左右，个头要比蓝鲸小得多，蓝鲸才是地球上最大的动物。

从陆地迁居海洋

  蓝鲸属须鲸类，体色蓝灰，有白色斑点，外形像剃刀，所以又叫"剃刀鲸"、"蓝长须鲸"。蓝鲸有着极标准的流线型体形，能在浩瀚的大海中自如地浮、沉、进、退，游动时时速可达28千米，能产生1700马力的功率，相当于一辆火车头的拉力，它是动物世界中绝无仅有的大力士。

  鲸类与偶蹄类同样是在中新世出现的，是达到进化顶点的哺乳类之一。鲸被认为是原来在陆地上用四脚行走的动物，后来为了觅食入海，进化为终生在水中生活的哺乳类。鲸前脚变成鳍，指头不分开，无爪，肘和手腕的关节不能灵活运动，没有后脚，尾部退化成鳍，鼻孔移至头顶。蓝鲸性情温和，主要以几厘米长的磷虾为食，它口中无牙，只在上腭两侧生有两排板状须，就像过滤的筛子，肚里有很多皱褶，伸缩自如，这种构造对它在水中取食十分方便。蓝鲸取食时撑开肚子，张开血盆大口，海水和磷虾一齐鱼贯而入，然后合上嘴巴，海水从须缝间排出，滤下的鱼虾吞而食之。蓝鲸胃口极大，成年蓝鲸每餐要吞下近1吨食物，一天要吞食4～5吨。不过你不用担心蓝鲸的巨大食量会吞尽磷虾，因为磷虾是海洋中的次级生产力，是全世界最多的小动物之一，数量极多，当初蓝鲸从陆地觅食到海洋，可能就是因为贪吃无穷无尽的磷虾吧！

富有感情

　　蓝鲸是一种富有感情的动物，一般都是单独，或成对，或带幼仔，或家庭组合活动。成对的蓝鲸靠得很近，一起游泳、潜水、寻食和呼吸，就像鸟类中的鸳鸯一样形影不离，成双成对的十分亲热恩爱。它们在海洋里交配，怀胎1年后，在汹涌的波涛中产仔。幼仔自己不会露出水面呼吸，雌鲸轻轻地将幼仔托出海面，让它吸上平生第一口空气，不然就会窒息溺死。幼鲸刚出世时体长6～7米，重达7吨左右，平时总是紧跟在母鲸的后下方游动。母鲸的生殖孔两侧有一对乳头，幼鲸没有能动的嘴唇，不能主动吸奶，母鲸借助肌肉的收缩，将乳汁直接挤入幼鲸的口中。母鲸每天大约要喂近1吨奶水，幼鲸以每天增长4厘米、增重100千克的速度快速生长，到断奶时，幼鲸体长达16米，体重增达23吨。蓝鲸8～10岁性成熟，开始生儿育女，一般寿命为50岁以上，最长的可超过100岁。科学家通过对蓝鲸耳膜内每年积存的蜡质厚薄来判断它的年龄。

用肺呼吸的水生哺乳动物

　　蓝鲸是用肺呼吸的水生哺乳动物，它的肺重达1吨多，能容纳1000多升的空气。据观察蓝鲸每隔10～15分钟就要露出水面呼吸新鲜空气，每小时平均呼吸

○我可是相当于40头象，或400头牛，或2940个体重68千克的人的重量

6次。蓝鲸呼吸时先要将肺里的二氧化碳废气从鼻孔喷出去，然后再吸进新鲜空气。当它的头部露出海面时，随着一声火车汽笛声般的洪亮的尖叫声，鼻孔中喷出一股灼热的二氧化碳废气，废气带动附近的海水，形成了一股垂直而细长的、高达10多米的壮观雾气水柱，似喷泉，又像是节日的烟火。海洋生物学家们就是根据鲸类喷气的声音、高度和形状的不同来确定它们的存在和数量的。

对人友善

蓝鲸对人类是友善的，在海上遇到船只，它们会毫不在乎地与船结伴而行。但是人类是怎样对待它们的呢？科学家经观察估计，半个世纪前，全世界海洋中约有蓝鲸30万头，到了1974年只有25000头，今天剩下的仅有2000头了。前文说到蓝鲸是一种单独或成对活动的鲸类，它们从北冰洋经赤道到南极海域，几乎在遍布世界的各大海洋里遨游，数量极稀少的蓝鲸难以寻觅配偶繁殖后代。让我们救救蓝鲸吧！救救最大、最重的地球动物之王吧！

早期哺乳动物都生活在陆地上，大约5500万年前，已有一些哺乳动物生活在河海交汇的地方，以当地丰富的鱼类为食。经过长期的演化，它们的身体构造越来越适应水栖生活。如：前肢变成鳍状以控制方向，演化出强而有力的尾鳍来游泳，后肢慢慢退化等。从早期鲸的头骨化石还可以看到它们的鼻孔从前端渐渐移到头顶，以便更容易在水中呼吸。须鲸与齿鲸虽是出自同一祖先，却发展出不同的进食方式，幼须鲸出生时也具有小齿苞，却无法发育成像齿鲸那样的牙齿。大部分科学家认为，鲸与偶蹄类动物如牛、鹿等源于同一祖先，是由一种看起来似狼，却有像牛一样的蹄的食肉类动物演化而来的。

三种神奇的
金丝猴

金丝猴是中国闻名世界的珍稀动物，很多人认为，中国只有一种金丝猴。实际上，中国有三种金丝猴：一种叫金丝猴，通常称川金丝猴，分布于四川西部和北部、甘肃最南部山区、陕西南部的秦岭、湖北西部的大神农架林区；另一种叫黔金丝猴或灰金丝猴，分布于贵州梵净山林区；还有一种叫滇金丝猴或黑金丝猴，分布于云南西北部。三种金丝猴均被列为国家一级保护动物。

○川金丝猴

川金丝猴群居树上

川金丝猴因有一个天蓝色的面孔，中央长着鼻孔朝天的鼻子，故而又名"蓝面猴"和"仰鼻猴"。成年雄猴四肢粗壮，体毛密长，毛色金里透红十分艳丽，背毛披下至肋，长达40厘米，仿佛穿着一件耀眼夺目的金黄色的"披风"。故而获得了"金丝猴"或"金线猴"的美称。金丝猴喜欢组成30～50只，多的200～300只以上的群体，它们过着树栖生活，偶尔到地面活动。川金丝猴一般生活在海拔1500～3500米之间。

金丝猴十分聪明、机灵、敏捷，猴群具有严密的组织系统。身强力壮的雄猴担任猴王，其主要职

○幼年川金丝猴

○跳跃中的幼年川金丝猴

责是统率、爱护和保卫猴群，稍有异常，猴王首先发出"呷—呷—呷"的惊叫声，猴群立即停止喧闹，或藏身于粗树干后，或隐身于细枝、密叶丛中，顷刻间便销声匿迹。一旦敌害逼近，猴王会立即率领猴群，由年轻力壮的雄猴领头和压阵，让老、弱、带幼仔的母猴居中间，以惊人的速度，横穿密林的树冠层逃之夭夭。猴群是充满着仁爱和谐的集

○川金丝猴的家庭

体，猴王受到群猴的爱戴和尊敬，有好吃的先要敬献给猴王，歇息时就有成员为它梳理体毛和"抓虱子"，让"劳苦功高"的猴王心满意足。母猴对幼猴爱护备至，平时和逃遁时总是紧紧抱住幼猴，遇到猎人紧逼时，常会做出挤奶的方式向对方表示自己有小猴子要喂养，以"恳求宽恕"，如遇无情的猎人紧逼而无法脱逃，母猴便会"舍己救仔"，放跑幼猴，挺身而出甘愿遭擒，伟大的母爱催人泪下。如母子失散，其他成员会毫不迟疑地抱着幼猴逃命。如猴群成员出现了伤者，其他猴子会义无反顾地抢救其脱险，如有成员死亡，群猴就会拼命地、前仆后继地演出"金丝猴抢尸"一幕，抢回同伴尸体，以慰哀痛。

　　猴群平时"相安无事"，在密林高处，以"荡秋千"的方式攀缘飞跃，它们常常挥动一根树枝，借助树枝的反弹力，飞跃十多米，来去如飞，当地人都称它们为"飞猴"。它们飞跃时毛发蓬散，宛如"仙女下凡"，在树上行走速度极快，时速可达40～50千米。

　　野生金丝猴是素食者，主食嫩枝、幼芽、鲜叶、竹笋、竹叶和各种野果，偶尔也会"开荤"解馋吃鸟蛋和昆虫。金丝猴的天敌很多，那些能爬树的豹、

○雄性川金丝猴

金猫、猞猁、黄喉貂等兽类和鹰、雕等猛禽，对猴群的威胁不足为患，因为群居的金丝猴群，机警而机动性极强，逃离速度和能力远胜这些天敌，只有人类才是金丝猴生存的最大威胁。

黔金丝猴是名副其实的"活化石"

黔金丝猴仅生活在贵州省梵净山的林区，野外数量大约700只左右，是世界上最少的灵长类动物之一。中国著名的自然保护区考察家唐锡阳先生在《自然保护区探胜》一书中写道："……在全世界只有不到百万分之一的人，看到过这种珍贵稀有动物。"在梵净山附近的桐梓县发现的黔金丝猴化石，其地质年代竟是几十万年前的第四纪，现存的黔金丝猴是名副其实的"活化石"。黔金丝猴体毛主要是灰褐色，不仅肩上有两块白斑，身上也有多处小白斑，身上没有"金丝"，谈不上美丽，当地人叫它"花猴"。在三种金丝猴中，只有黔金丝猴的尾巴比身躯长，又细又长的黑尾巴很像牛尾巴，故而人们又称其为"牛

○成年雄黔金丝猴

尾猴"。现在它们可以无
忧无虑地生活在自然保护区
内，猴群中的幼猴迅速增长，
我们相信黔金丝猴家族一定会兴
旺发达的。

滇金丝猴与世隔绝

滇金丝猴生活在几乎与世隔绝的云南和

○滇金丝猴母子

西藏的大雪山林区，栖息地是海拔3350～4000米的高山阴暗针叶林带，是典型的高寒群居树栖猴类。它们的食性与其他两种金丝猴明显不同，是唯一以针叶树的嫩芽、芽苞和针叶树上的寄生松萝为主要食物

○幼年滇金丝猴

的猴类。每年5～7月间，它们偶尔下地吃新笋和嫩竹叶。滇金丝猴的体背、体侧、四肢外侧、手、脚和尾都是黑色的，当地人叫它为黑金丝猴或黑仰鼻猴。因它们终年生活在高山积雪地带，而幼仔全身呈白色，人们又称它雪猴或白猴。滇金丝猴堪称高山上的神秘隐者，人类早在100多年前就发现了它们，此后它们便销声匿迹了，再次发现时已经间隔了半个多世纪。

小知识

　　大家比较熟悉的金丝猴当属川金丝猴。川金丝猴深居山林，结群生活，背覆金丝"披风"，攀树跳跃、腾挪如飞。三种金丝猴以川金丝猴体型最大，雄性体重20～39千克，幼猴浑身铁灰色，红手红唇；黔金丝猴10～16千克，幼猴头须白色，体背深灰，肩侧和尾黑褐，下身和四肢内侧灰白色；滇金丝猴体重15千克左右，幼猴浑身雪白，故有"雪猴"之称。

附表：动物分类系统

动物分类系统，由大到小分为界（Kingdon）、

门(Phylum)、纲(Class)、目(Order)、

科(Family)、属(Genus)、种(Species)等几个重要的分类等级。例如：

	狼		家蚕	
界（Kingdon）	动物界	Animalia	动物界	Animalia
门（Phylum）	脊索动物门	Chordata	节肢动物门	Arthropoda
纲（Class）	哺乳纲	Mammalia	昆虫纲	Insecta
目（Order）	食肉目	Carnivra	鳞翅目	Lepidoptera
科（Family）	犬科	Canidae	蚕蛾科	Bombycidae
属（Genus）	犬属	*Canis*	蚕蛾属	*Bombyx*
种（Species）	狼	*lupus*	家蚕	*Bombyx mori L.*

后 记

　　人类与创造了天地万物的地球相比微不足道。人类是大自然的产物，是大自然的孩子，人类的衣食住行、发明创造，无不来源于大自然。大自然包罗万象，给我们提供了丰富的物质资源；大自然不知疲倦地运动，给我们提供了多种能源；大自然奇妙的构建，给我们提供了睿智和创新的空间；大自然的美，给我们的艺术创作提供了无限的灵感……我们真的要感谢大自然。

　　荣获诺贝尔奖的科学家们多数人在青少年时期都有过与大自然亲密接触的经历，许多人就是在这经历中产生了探索大自然奥秘的向往，并由此走上了科学研究的道路。希望读者朋友向他们学习，从小喜爱大自然，走进大自然，为将来进一步打开自然奥秘之门做好准备。

　　这套丛书奉献给读者朋友的只是大自然奥秘的一小部分，希望读者朋友看完这套书以后对大自然产生浓厚的兴趣，萌生想要更深入地了解大自然、更密切地亲近大自然、与大自然友好相处的美丽愿望。

　　凡·高说得好，如果一个人真的爱上自然，他就能到处发现美的东西。但愿读者朋友已经沉浸于自然之美！

　　丛书在编写过程中得到了众多专家和朋友的帮助，他们提供了大量资料和精美的写真照片，个别图片作者姓名和地址不详，无法取得联系，在此也一并表示诚挚的谢意，恳请这些图片作者尽快与我们联系，以便作出妥善处理。

《奇妙的大自然丛书》编写组

2011年9月

图书在版编目(CIP)数据

奇妙的动物/居龙和著. —北京：科学普及出版社，2011.9 (2019.10重印)
（奇妙的大自然丛书）
ISBN 978-7-110-07562-3

Ⅰ.①奇… Ⅱ.①居… Ⅲ.①动物—少儿读物 Ⅳ.①Q95-49

中国版本图书馆CIP数据核字(2011)第177043号

策划编辑 徐扬科
责任编辑 吕　鸣
责任校对 凌红霞
责任印制 徐　飞
封面设计 耕者设计工作室
版式设计 部落艺族
图片制作 宋海东工作室

出　　版 科学普及出版社
发　　行 中国科学技术出版有限公司社发行部
地　　址 北京市海淀区中关村南大街16号
邮　　编 100081
发行电话 010-63583170
传　　真 010-62173081
网　　址 http://www.cspbooks.com.cn

开　　本 787毫米×1092毫米　1/16
字　　数 150千字
印　　张 9
版　　次 2012年1月第1版
印　　次 2019年10月第4次印刷
印　　刷 日照教科印刷有限公司

书　　号 ISBN 978-7-110-07562-3/Q·92
定　　价 25.00元